Stefan Bernheimer

Über die Sehnerven-Wurzeln des Menschen

Ursprung, Entwicklung und Verlauf ihrer Markfasern

Stefan Bernheimer

Über die Sehnerven-Wurzeln des Menschen
Ursprung, Entwicklung und Verlauf ihrer Markfasern

ISBN/EAN: 9783741193002

Hergestellt in Europa, USA, Kanada, Australien, Japan

Cover: Foto ©Lupo / pixelio.de

Manufactured and distributed by brebook publishing software
(www.brebook.com)

Stefan Bernheimer

Über die Sehnerven-Wurzeln des Menschen

ÜBER DIE

SEHNERVEN-WURZELN

DES

MENSCHEN.

URSPRUNG, ENTWICKELUNG UND VERLAUF

IHRER

MARKFASERN.

VON

DR. STEFAN BERNHEIMER

PRIVATDOCENT DER AUGENHEILKUNDE AN DER UNIVERSITÄT HEIDELBERG.

MIT DREI FARBIGEN TAFELN.

WIESBADEN.

VERLAG VON J. F. BERGMANN.

1891.

DEM ANDENKEN

OTTO BECKER'S

GEWIDMET.

Inhalts-Verzeichnis.

Einleitung.

———

Schon vor zwei Jahren, als ich meine Untersuchungen über die Entwickelung und den Verlauf der Markfasern im Chiasma nervorum opticorum des Menschen veröffentlichte, hatte ich mir vorgesetzt, in derselben Weise die Stammganglien des Gehirns, insoweit dieselben mit den Sehnerven in Verbindung stehen, zu bearbeiten. Hatte ich doch hinlänglich Gelegenheit gehabt einzusehen, wie ausserordentlich wertvolle und verlässliche Thatsachen durch die Anwendung der Weigert'schen Färbung für den Verlauf von bestimmten Markfaserzügen gewonnen werden können, sofern Einem genügendes Material embryonaler Gehirne zur Verfügung steht. Gerade der Umstand, dass im embryonalen Centralnervensystem die Markhüllen der einzelnen Faserzüge noch nicht fertig gebildet sind, gestattet den Verlauf bestimmter Nervenzüge, ja sogar in dem Gewirre derselben, einzelne feine Fasern zu verfolgen und zwar, was die Hauptsache ist, bis in die entsprechende Ganglienzellengruppe, der Wurzelstätte derselben.

Es lässt sich nicht leugnen, dass durch die vielfach angewandte Zerfaserungsmethode [Arnold (1), Meynert (2), Stilling (3)] ganz bedeutende Erfolge erzielt wurden. Für die Topographie grosser Faserzüge leistet diese Methode alles. Ihr verdanken wir die Kenntnis eines guten Teiles von Faserverteilung im Gehirne.

St. Bornheimer, Sehnerven-Wurzeln d. Menschen.   1

Ihre Vorteile hören aber auf, sobald es sich um feinere Details handelt, sobald wir aus einem Fasergemenge heraus einzelne Bündel, oder gar Einzelfasern verfolgen sollen; sobald sich verschiedenartige Faserzüge verfilzen und dann wieder verschiedenen Wurzelstätten zueilen; sobald überhaupt an uns die Frage herantritt: „Wo entspringen die Fasern?" —

Will man mit genügender Sicherheit von Ursprungsstellen eines Nerven sprechen, dann ist eben der Nachweis eines Zusammenhanges zwischen Nervenfasern und Ganglienzellengruppe Notwendigkeit. Ohne diesen Nachweis bleibt alles blosse Vermutung. Um aber mit Sicherheit diesen Zusammenhang festzustellen, muss man im stande sein, die Einzelfaser verfolgen zu können. Dies ist nur möglich, wenn die Einzelfaser im Schnitte soweit isolirt und durch Färbung sichtbar gemacht ist, dass sie eben als solche erkannt und verfolgt werden kann. Durch die Weigert'sche Färbung der embryonalen Gehirnschnitte werden beide Bedingungen erfüllt. Im Embryo und der unreifen bis reifen Frucht und bei Kindern von 1 bis 4 bis 8 wöchentlicher extrauteriner Lebensdauer, sind die Markscheiden teils in der ersten Entwickelung begriffen, teils fertig gebildet. Sie sind noch so zart und dünn, dass die neben einander liegenden Markfasern sich nicht berühren, nicht ineinander übergehen oder sich überdecken, sondern sie sind vollständig isolirt, stets durch ungefärbtes helles Gewebe von einander getrennt, so dass sie auf weite Strecken hin in natürlicher Isolierung als Einzelfaser verfolgbar sind.

Untersucht man gleiche Stellen im Gehirne Erwachsener, dann ist man überrascht über die Unmöglichkeit, den klaren Einblick, den man bei der unreifen Frucht gehabt, wieder zu gewinnen. Unentwirrbar durchkreuzen und überdecken sich Fasern, die anscheinend parallel verlaufen. Es ist unmöglich mit Bestimmtheit anzugeben, wie und wohin die Faserzüge gehen. Man sieht Faserzüge, die man früher nicht erkannt, nach neuen

Richtungen laufen. Untersucht man sie an äusserst dünnen
Schnitten, bei stärkerer Vergrösserung, dann wird man der
Täuschung freilich gewahr. Es sind keine einzeln zu verfolgende
Faserzüge, sondern unentwirrbare Gemenge verschiedener Faserkomplexe, die neue Richtungen, neue Wurzeln eines Nerven,
dem sie in Wirklichkeit gar nicht angehören, vortäuschen, mithin verleiten falsche Befunde als anatomische Thatsachen auf-
zunehmen und zu verzeichnen. Wie will man solche innig mit
einander verfilzte nicht zusammengehörige Faserkomplexe fasern?
Wie will man überhaupt erkennen, dass es sich um solche Faser-
vermischungen handelt, wenn man an Faserungspräparaten die
Ursprünge eines Nerven studieren will?

Es soll damit nicht gesagt sein, dass die Schnittserienmethode,
angewendet an unreifen Früchten und verbunden mit Weigert's
Färbung, allein im stande sei in die centralen Vorsprünge der
Nerven Klarheit zu bringen. Im Gegenteil, beim Lesen dieser
Blätter wird es sich zeigen, dass diese Methode den Untersucher sehr oft im Stiche lässt, ganz besonders sofern er seine
Befunde auch durch Zeichnungen belegen will. — Eine gute,
wahre und unverfälschte Zeichnung mikroskopischer Befunde
ist oft geeignet, die beste Beschreibung zu ersetzen. Es ist
daher wohl ein Vorzug dieser Untersuchung, wenn wenigstens
einige strittige, oder noch nicht vollkommen feststehende anatomische Befunde als sichere anatomische Thatsachen, durch
naturgetreue Zeichnungen weiteren Kreisen vor Augen geführt
werden. Für eine Anzahl von Befunden konnte das nicht erreicht werden, diese müssen durch getreue, möglichst verständ-
liche Beschreibung bekannt gegeben werden. Sie werden aber
deswegen, nach meiner Überzeugung, dem Fachmann nicht
minder glaubwürdig und feststehend erscheinen. Dass sie nicht
durch Zeichnung, das heisst mikroskopische Zeichnung, wiedergegeben werden können, liegt in der Natur der Sache selbst
und das ist der Punkt, wo wir die von uns gepriesene Methode

1*

nicht das leisten sehen, was wir bei anatomischen Untersuchungen ungerne missen.

Ich habe schon in meiner früher erwähnten Arbeit ange-
führt, dass man für den Verlauf gewisser Fasern, wenn dieselben nicht nahezu in einer Ebene liegen, die kombinierte
Untersuchung ganzer lückenloser Schnittserien heranziehen muss.
Der Untersucher selbst kann dann wohl auch die sichere Überzeugung von dem Verlauf einer Faser oder noch besser eines
Faserbündels gewinnen, er kann auch seiner durch aufmerksame
Durchmusterung der Serienschnitte gewonnenen Überzeugung
Ausdruck geben, er kann aber nicht wie im anderen Falle, den
rein anatomischen durch keine Kombination komplizierten Beleg
in der Zeichnung wiedergeben.

Gerade beim Studium der Wurzeln des Sehnerven tritt dieser
Fall, wo Fasern in verschiedenen Ebenen verlaufen, sehr häufig
ein; es war daher nicht möglich, für jede feststehende Wurzel
auch eine beweisende Zeichnung zu liefern. Bei der Beschreibung der einzelnen Präparate aus den verschiedenen Altersstufen
wird dieser Umstand noch genügend berücksichtigt werden. Es
sei aber hier schon darauf hingewiesen, wie durch die Kombination mehrerer Schnittrichtungen der mehr oder weniger ge-
wundene Verlauf mancher Bündel festgestellt, und sonach doch
auch für solche Faserzüge mit Sicherheit der Verlauf und die
Wurzelstätte angegeben werden kann. Es handelt sich dabei
um genaue und lückenlose Anlegung von Serienschnitten
und bei Untersuchung verschieden alter Objekte um genaue
Einhaltung derselben Schnittrichtung, da nur dann der Vergleich der Fasern aus den einzelnen Entwickelungsstufen von
Wert sein kann.

So grosse Vorzüge die Methode der Untersuchung unreifer
Früchte bei Anwendung der Weigert'schen Färbung auch haben
mag, so lässt es sich doch nicht verkennen, dass die zuletzt in

dieser Frage von Stilling (3) in so ausgedehnter Weise angewandte
Faserungsmethode Ergebnisse zu Tage gefördert hat, durch welche,
und an welchen die embryologische Untersuchungsart erst mit
Vorteil angewandt werden konnte. Ich bin somach weit davon
entfernt zu meinen, es könnte jede andere Untersuchungsart ent-
behrt werden. Gerade in der hier behandelten Frage, der
Wurzeln des Schnerven, wurden Stillings eingehende Untersuchungen und schönen Abbildungen mit Vorteil nachuntersucht
und studiert. Seine Untersuchungen dienten vielfach als will-
kommener Ausgangspunkt für weitere Nachforschungen. Ganz
besonders erwünscht waren dieselben zur Feststellung vorteil-
hafter Schnittführungen, was sich als ein wichtiger Faktor im
Gang der Untersuchung herausstellen wird. Nur die richtige
Wahl und bestimmte Feststellung der Schnittführung kann überhaupt zu einem befriedigenden Resultate führen.

Es mag hier gleich erwähnt sein, wie sich diese Auswahl
der Schnittebene nach dem Alter der zu untersuchenden Frucht
richten muss, wie dieselben Fasern in verschieden alten Objekten,
wenn der Altersunterschied ein nennenswerter ist, nur bei Einhaltung einer bestimmten, für die betreffende Altersstufe auszu-
wählenden Richtung wieder zu finden sind. Anfangs kam es
vor, dass sich dem Untersucher an den verschiedenen Objekten
ungleiche Befunde im Verlaufe der Fasern darboten, sodass man
veranlasst war, an eine Unbeständigkeit des Faserverlaufes und
der Wurzelgebiete zu denken. Es zeigte sich jedoch gar bald,
dass es sich bloss um geringe Verschiebungen der Gehirnteile
zueinander handeln konnte, wie sie sich während der letzten
Periode des intra- und der ersten Zeit des extrauterinen Lebens
am Centralnervensystem vollziehen. Es sind dies Verschiebungen
geringster Art, die nur bei genauer, zu diesem Zwecke ange-
stellter Beobachtung auffallen können, die aber vollauf genügen,
um bei Einhaltung einer bestimmten Schnittführung andere Ebenen
zu treffen, in denen eben nicht jene Fasern in genau derselben

Richtung verlaufen, wie an höher oder niederer entwickelten Objekten festgestellt werden konnte.

Dass dadurch die ganze Untersuchung um ein bedeutendes erschwert wurde, ist klar. Nicht allein durch die technischen Schwierigkeiten, die übrigens allein schon genügen konnten, die Arbeit nahezu unausführbar zu machen, sondern vielleicht noch mehr durch den anfangs empfindlichen Verlust an Material. Bei jeder derartigen Untersuchung geht naturgemäss im Anfange ein kleiner Teil des Materials durch die vorbereitenden Versuche für die Arbeit selbst verloren, wenn auch indirekt dieselbe dadurch bestens gefördert wird. Gerade für vorliegende Arbeit war die Beschaffung des Materials nicht leicht. An kleinen Universitäten liefern die Gebäranstalten wenig, und das Wenige kann selten frühzeitig genug erhalten werden. Die vollkommene Frische des Gehirnes ist aber gerade bei der Untersuchung von Embryonen unreifer und reifer Früchte von ganz besonderer Wichtigkeit. Nur frische Gehirne sind für die Untersuchung und Färbung brauchbar zu härten, und nur gut gehärtetes Material kann überhaupt verwendet werden. Die Behandlung des frischen Gehirns und die Art der Härtung ist nicht gleichgiltig. Es wird sich bald Gelegenheit bieten, darauf näher einzugehen, und die Wichtigkeit dieser vorbereitenden Manipulationen darzuthun.

Ich bin meinem Freunde Dr. Mittermaier, Assistenten an der königl. Frauenklinik in Berlin, zu grossem Danke verpflichtet. Nur durch seine wiederholte Sendung einer grösseren Anzahl meist gut erhaltener Gehirne aus den verschiedenen Altersperioden ist es mir möglich geworden, die Arbeit zu einem befriedigenden Abschlusse zu bringen und was mir besonders wichtig scheint, überhaupt die vergleichenden Studien an den verschieden alten Früchten vorzunehmen; bis zu einem gewissen Grade der Vollständigkeit, die Zeit, den Ort und die Art der Bildung des Markes in den Wurzeln des Sehnerven festzustellen. Dass dies nur bis zu einem gewissen Grade der Vollständigkeit geschehen konnte und nicht in der Vollständigkeit, wie für das Chiasma und den Sehnerven, ist wohl begreiflich, denn dazu bedürfte es, bei der Mannigfaltigkeit des Faserverlaufes, eines kaum zu beschaffenden Materials und eines bedeutenderen Zeitaufwandes, bedeutender als er bis nun schon gewesen. Immerhin sind die Resultate befriedigende und genügend, um mit Bestimmtheit, der Hauptsache nach, die Frage der zeitlichen und örtlichen Markbildung zu beantworten.

Das Material zu einem Teile der Vorarbeiten und zu den letzten abschliessenden Untersuchungen, besonders reife und überreife Früchte und 2—4 wöchentliche Kinder, verdanke ich dem hiesigen pathologischen Institute, beziehentlich meinem Freunde Doz. Dr. Paul Ernst. Dieses Material war, wenn auch viel weniger zahlreich als das Berliner, von grossem Werte, da ich mir die nötigen Gehirnstücke in der vorteilhaftesten Weise gleich ausschneiden und härten konnte.

Bei der nun folgenden Beschreibung der mikroskopischen Befunde aus den einzelnen Altersstufen und Wurzelgebieten wird sich die Frage der örtlichen und zeitlichen Markbildung nicht ganz von der Frage des Faserverlaufes trennen lassen. Es wird immerhin versucht werden, die Ergebnisse auch übersichtlich aneinanderzureihen. Die überaus umfangreiche Litteratur wird im Verlaufe der Besprechung ihre gebührende Berücksichtigung finden, es werden aber hauptsächlich jene Arbeiten erwähnt werden, welche gleich dieser den anatomischen Nachweis der Sehnervenwurzeln erstreben. Die grosse Menge der experimentellen Tierversuche, der pathologisch-anatomischen Arbeiten, fällt schon ausserhalb des Rahmens dieser rein anatomisch-embryologischen Studie, sie werden daher nur wenig oder gar nicht berücksichtigt werden. Eine derartige erschöpfende Litteraturbearbeitung würde auch den Umfang der Arbeit vermehren und damit gewiss nicht die Verständlichkeit und den Werth derselben erhöhen.

Von welch' grosser Wichtigkeit die richtige Vorbereitung

des Materials ist, und wie sehr der Erfolg der Untersuchung da-. von abhängt, wurde schon erwähnt. Es mag trotzdem nicht überflüssig erscheinen, wenn nochmals darauf eingegangen wird und wenn das Technische auch ausführlicher besprochen wird. Nichts was einem Nachuntersucher von Nutzen sein könnte, soll übergangen werden.

Je jünger die Gehirne, desto sorgfältigere Behandlung muss ihnen zu teil werden. Bei Embryonen ist es vorteilhaft, das Gehirn nicht gleich herauszunehmen, denn die grosse Weichheit desselben gestattet diese Prozedur nicht immer ohne Schaden für die Zusammengehörigkeit der einzelnen Teile. Es ist daher gut, sich vorerst auf eine ausgiebige Eröffnung des Schädeldaches zu beschränken, und zwar so, dass man mit einer stumpfen Scheere, bei möglichster Schonung der Hirnhäute die Knochen von den Fontanellen aus, längs der späteren Knochennähte, bis auf die Schädelbasis von einander trennt. Die einzelnen Schädelknochen können dann vollständig zurückgeschlagen werden und das Gehirn, welches auf der Schädelbasis aufsitzt, wird nunmehr bloss noch von der zarten Hirnhaut bedeckt. Die umgebogenen Schädelknochen können wieder zurückgeschlagen werden und so dem Gehirne zum Schutze dienend, mit diesem in Müller eingelegt werden. Oder man trägt die Knochenschalen mit der Haut an der Schädelbasis ab, und bindet das nur von der Schädelbasis und dem angrenzenden Gesichte bedeckte Gehirn, zum Schutze desselben, in ein feines, reines Tüllsäckchen ein. Hat man für das Gesicht des Embryo keine Verwendung, so ist es von grossem Vorteile dieses bis knapp an die Schädelbasis heran abzutragen; dadurch wird das Gehirn auch von dieser Seite her für die konservierende Flüssigkeit zugänglicher, und das ganze Präparat ruht mit ebener knöcherner Fläche auf dem Boden des Gefässes auf; das Gehirn kann in keiner Weise durch Druck der Glasgefässwände Formveränderungen oder Verunstaltungen erleiden. Selbstverständlich ist bei diesen, wie bei allen Gehirnen absolute Notwendigkeit, die Flüssigkeit möglichst fleissig zu wechseln; in der ersten Zeit täglich, und nicht erst dann, wenn die Flüssigkeit trüb geworden, es bilden sich sonst zu leicht Pilze, die nicht mehr weg zu bringen sind und das Gehirn erhält dann niemals eine Konsistenz, die es gut schnittfähig macht. Bei solchen embryonalen Gehirnen kann man es unterlassen, Einschnitte in die Hemisphären zu machen. Hat man die Gesichtsteile des Schädels und die Hirnschale nicht abgetragen, dann muss man das Gehirn vor dessen Verarbeitung etwa nach 10 bis 14 tägiger Härtung aus dem Schädel herausnehmen, denn sonst wird es zu brüchig und zerfällt dabei gerade an der für uns wichtigsten Stelle, in der Chiasma- oder Thalamusgegend.

Vor der achten bis zehnten Woche sollten solche embryonalen Gehirne nicht der Müller'schen Flüssigkeit entnommen werden. Will man das Objekt früher schnittgerecht machen, dann kann man die Härtungszeit um mindestens die Hälfte durch Brutofenwärme (höchstens 37° C.) abkürzen. Ich ziehe, wenn thunlich, die langsame Härtung bei Zimmertemperatur bei weitem vor. Handelt es sich, wie in unserem Falle, um Anfertigung möglichst dünner, lückenloser Serienschnitte, von etwa Markstückgrösse, dann erweist sich das bei Brutofenwärme gehärtete Material oft etwas zu brüchig, es ist nicht geschmeidig und elastisch genug. Bei der Nachhärtung in Alkohol habe ich wiederum die in meiner Chiasmaarbeit aufgestellten Regeln mit Vorteil befolgt und kann nur empfehlen, bei ähnlichen Untersuchungen stets darnach zu handeln. Von der Müller'schen Flüssigkeit lege man die Objekte direkt, ohne vorheriger Spülung mit Wasser, erst in 60, dann 80 und 90 % Alkohol bis zur Entfärbung der Flüssigkeit, und schütze die Objekte vor Licht. Vollständiges Klarbleiben des Alkohols ist nicht notwendig. Wenn die Gehirnstücke schon vorher gut gehärtet sind, kann man auch vor vollständiger Farblosigkeit des Alkohols zur Entwässerung und zu der bekannten Einbettung übergehen.

Anders muss man bei Gehirnen unreifer, reifer Früchte und mehrwöchentlicher Kinder verfahren. Diese müssen gleich, möglichst frisch, der Schädelhöhle entnommen werden. Bei unreifen und reifen Früchten kann man dabei wiederum die Schädelknochen in der früher erwähnten Weise lostrennen, und möglichst nahe an der Gehirnbasis mit einer starken Scheere abschneiden. Diese Art der Eröffnung des Schädels ist der üblichen mit der Säge vorzuziehen, da mit dieser das Gehirn leicht eingeschnitten wird, und dann nur schwer ganz und mit Schonung der für uns wichtigen Teile herauspräpariert werden kann. Es ist von grossem Vorteile an dem frischen Gehirne sofort die grossen Hemisphären in der üblichen Weise bis zum Corp. callosum abzutragen, ebenso das Kleinhirn mit Schonung der Brücke, und, mit zwei frontalen einander parallel gerichteten Schnitten, das Vorder- und Hinterhirn, so dass nur das Zwischenhirn, die Stammganglien mit den angrenzenden Gehirnteilen, übrig bleibt. Diesen Gehirnkern mit seiner Umgebung legt man nun mit der Basis nach oben, also auf die ziemlich ebene Schnittfläche der Hemisphären in ein genügend grosses Gefäss mit Müller'scher Flüssigkeit. Das Gefäss muss gross sein, damit man mit der ganzen Hand, auf der das Gehirnstück ruht, in dasselbe eingehen und das Objekt vorsichtig abstreifen kann. Will man ganz sicher gehen, dann legt man das Gehirn von Anfang an in ein entsprechend grosses Tüllstück, vollführt die Abtragung der Stücke auf demselben, schlägt es um, dass die Basis des Gehirnes nach oben sieht und taucht es mit dem Tüllstück in die Flüssigkeit. Auf diese Art wird das Hirn am meisten geschont und kann dasselbe auch beim Wechseln der Flüssigkeit, in und an der Tüllhülle, leicht und schonungsvoll aus dem Gefässe herausgenommen und wieder eingelegt werden. So behandelte Gehirne erlangen eine vorzügliche Konsistenz und können bei einiger Geschicklichkeit mit dem Jung'schen Mikrotom in tadellose Serienschnitte von 10 μ Dicke zerlegt werden.

Sobald die Härtung nicht in dieser Weise vorgenommen, das Gehirn nicht frisch zerteilt worden war u. s. w., ist die Zerlegung in Serienschnitte unvollkommen und schwer durchführbar.

Mit den Gehirnen mehrwöchentlicher Kinder verfährt man am besten ebenso, nur muss man dabei die Hirnschale in der gewöhnlichen Weise mit der Säge abtragen, da die Scheere nicht mehr leicht genug durchdringt.

In dieser Weise wurden 25 Gehirne von Embryonen, unreifen, reifen und überreifen Früchten gehärtet, mithin 50 Sehnervenstämme mit ihren Wurzeln aus den verschiedenen Altersstufen nach den verschiedensten Richtungen in Serienschnitte zerlegt. Ausserdem kamen noch drei Gehirne zwei bis sechswöchentlicher Kinder, und zwei von Erwachsenen zur Untersuchung; im ganzen also 60 Sehstreifen mit ihren Wurzelganglien.

Äusserer Kniehöcker.

Es wurde schon anfangs erwähnt, dass die Verfolgung der fertigen, und sich mit Mark umhüllenden Fasern des Traktus in die Wurzelganglien, äusserst mühsam und zeitraubend ist, weil die Fasern in verschiedenen Ebenen verlaufen und sonach nicht ganz auf einem Schnitte zu treffen sind. Dies gilt aber nicht für alle Faserzüge; es giebt solche, die einen der Fläche nach gestreckten Verlauf haben, und bei denen man die Einzelfaser in ihrer ganzen Länge auf ein und demselben Präparate verfolgen kann. Für diese Fasern konnte der Verlauf, die Art des Ursprunges und Eintrittes in den Sehstreifen genau festgestellt werden; es konnte aber auch Genaues über die Entwickelung der Markhülle gefunden werden, denn es war für diese Fasern leichter dieselbe Schnittführung an den verschieden alten Gehirnteilen wieder zu finden, als für jene, welche nicht wie diese ihren bestimmten, in derselben Ebene vorgezeichneten Verlauf einhielten; besonders nachdem festgestellt worden war, in welcher Art die äussere Form des betreffenden unreifen Gehirnstückes von dem gleichwertigen einer reifen Frucht oder eines Erwachsenen abwich.

Für die zweite Gruppe von Faserzügen von weniger regelmässigem, gestrecktem Verlaufe war es nicht immer möglich, wenigstens mit Sicherheit nicht, an weniger entwickelten Gehirnen die passende Schnittführung wieder zu finden. Man kann wohl sagen, dass für diese Faserzüge in Bezug auf die Fest-

stellung ihrer Entwickelung mit nahezu unüberwindbaren technischen Schwierigkeiten zu kämpfen war. Man möge sich daher nicht
wundern, wenn die entwickelungsgeschichtlichen Daten dieser
Markfasergruppe nicht mit der erwünschten anatomischen Sicherheit festgestellt werden konnten.

Aus diesem Grunde scheint es mir passend, das ganz bedeutende mikroskopische Material so zu sichten, dass zunächst
jene Markfasern in Bezug auf ihre Entwickelung und den Verlauf besprochen werden, welche mit jener Sicherheit verfolgt und
studiert werden konnten, die für eine anatomische Studie
erforderlich ist. Es hat diese Art der Beschreibung auch den
Vorteil, dass das ohnehin an Einfachheit und Klarheit mangelnde
Gebiet der Sehnervenwurzeln nicht noch mehr kompliziert und
weniger verständlich werde. Endlich scheint es mir wünschens-
wert, bei der Beschreibung der Befunde den Weg wieder zu begehen, der bei der Untersuchung eingeschlagen worden ist.

In der Chiasmaarbeit konnte die Faser von vornherein von
ihrer ersten Entwickelung an bis zur Vollendung studiert und
beschrieben werden und daraus konnte ein sicherer Schluss
auf ihren Verlauf gezogen werden. Bei der Untersuchung der
Sehnervenwurzeln musste etwas anders vorgegangen werden. Es
musste als erstes Untersuchungsobjekt ein solches hervorgeholt
werden, an welchem voraussichtlich die einzelnen Faserzüge schon
soweit entwickelt waren, dass sie sicher erkannt und verfolgt
werden konnten, erst dann durfte und konnte man daran gehen,
an weniger entwickelten Gehirnen diese Fasern wieder aufzu-
suchen, ihre Entwickelung zu studieren und die Beständigkeit
ihres Verlaufes festzustellen.

Zu diesem Ende schien mir die ausgetragene oder nahezu
ausgetragene Frucht am geeignetsten. In meiner früheren Arbeit hatte ich gefunden, dass die Achsencylinder erst im Chiasma
des 2—3 wöchentlichen Kindes wohl bis an ihr Ende mit Mark
umgeben sind, dass sie aber immer noch zarter und dünner als beim

Erwachsenen sind und sozusagen in natürlicher Isolirung ihren
Verlauf weit klarer verfolgbar machen. Da ich ferner für den
Traktus das Chiasma und den Sehnerven festgestellt hatte,
dass die Markumhüllung vom Centrum zur Peripherie vorschreitet,
so konnte ich mit einiger Sicherheit vermuten, an der ausgetragenen oder nahezu ausgetragenen Frucht die besten Bedingungen
für die vorerst festzustellende Schnittführung vorzufinden. Meine
Voraussetzung erwies sich, wie es sich zeigen wird, als richtig
und so behielt ich denn diese Entwickelungsstufe als Ausgangspunkt für die Untersuchung bei.

Ich habe es vorgezogen, für den Anfang unabhängig von
allen vorliegenden gewiss nicht spärlichen Befunden vorzugehen.
Ich habe mir also nicht vorgesetzt, diese oder jene Wurzel, von
Diesem beschrieben, von Jenem geleugnet, wiederzufinden oder
wegzuleugnen, sondern ich habe mir vorgenommen, nach einer
mir passend und vorteilhaft erscheinenden Methode die in Betracht kommenden Centralganglien vom Traktus aus nach
verschiedenen Richtungen hin in Serienschnitte zu zerlegen.
Wohl nach einem Plane, doch nicht nach Bestimmtem suchend,
mit der Absicht, dies oder jenes finden zu wollen! Ich kann
nicht umhin, an dieser Stelle dieser Art der Untersuchung, sofern es sich um ernste anatomische Fragen handelt, über die
viel und vieles geschrieben worden ist, das Wort zu sprechen.
Es mag weniger geistreich sein, ohne vorher am grünen Tisch
sich ausgedacht zu haben was man finden, ja ich möchte sagen,
sehen will, an eine Untersuchung heranzutreten, sicher ist es
weniger verfänglich und gefährlich und bei weitem befriedigender, weil wahrer. Was man erreicht, wenn man etwas beweisen
will, hat sich in der viel besprochenen und beschriebenen
Chiasmafrage deutlich gezeigt.

Bei allen Schnittführungen wurde darauf geachtet, wenigstens
einen Teil des Traktus mit in die Schnittebene zu bekommen,
damit man sicher sein konnte, dass die getroffenen Fasern wirk-

lich diesem angehören. So wurde denn von einer ausgetragenen, gleich nach der Geburt an Asphyxie abgestorbenen Frucht, nach genügend langer Härtung, der Traktus der einen Seite mitsamt dem dazugehörigen Thalamus, Corpus geniculatum internum und externum und mit dem darunterliegenden Gehirnstück ausgeschnitten. Durch einen frontal gerichteten Schnitt wurde dann der nicht mit dem Thalamus und Grosshirnschenkel verbundene Traktusanteil, demnach der freiliegende vordere Abschnitt beseitigt, sodass nur das Wurzelstück des Traktus mit dem angrenzenden Thalamusteil, den beiden Kniehöckern und dem angrenzenden Gehirnstücke vom Schläfenlappen übrig blieb.

Dieses Stück wurde zur Schnittführung so eingebettet, dass die Schnittebene in sagittaler Richtung durch die Längsachse des Traktusteiles und durch die schiefe Längsachse des Corpus geniculatum externum führte, jedoch so, dass der erste Schnitt noch ausserhalb der äusseren Fläche des äusseren Kniehöckers geführt wurde, die folgenden Schnitte daher den ganzen Kniehöcker von aussen nach innen, im Sinne von oben nach unten, in Serienschnitte zerlegten. Das angrenzende Traktusstück wurde dementsprechend ebenfalls von aussen nach innen her in Serienschnitte zerlegt, wobei die Längsachse des Sehstieles in sagittaler Richtung getroffen wurde. Die bezeichnete Schnittebene deckt sich nicht genau mit der Sagittalebene, weil der Traktus bekanntlich vom Kniehöcker aus nach vorne gegen das Chiasma zu konvergiert. Da ausserdem der äussere Kniehöcker selbst mit seiner Sagittalebene auch nicht senkrecht steht, sondern etwas nach innen oben und aussen unten geneigt ist, so erleidet die Schnittebene eine in doppeltem Sinne von der genauen Sagittalebene abweichende Richtung. Diese Richtung ergiebt sich übrigens dadurch von selbst, dass man die flache Messerklinge zugleich an Traktus und Kniehöcker von aussen her so anlegt, dass die Fläche des Messers die gekrümmten Oberflächen der beiden Gebilde zugleich rein tangential berührt. Das Stück wird dann so

in den Mikrotomschlitten eingeklemmt, dass genau in dieser
Richtung weitergeschnitten werden kann.

Es ist gewiss nicht gleichgiltig, ob man sich an diese
Anordnung gehalten, denn nur wenn dies geschehen, gelingt es,
an den Schnitten Wurzelfasern zu finden. Bei jeder anderen
Richtung entstehen Bilder, welche eine ganz falsche Auffassung
von dem Verhältnis des Traktus zum äusseren Kniehöcker ver-
anlassen.

Untersucht man einen Schnitt aus dieser Serie und zwar
einen, der etwa der Mitte des Corpus geniculatum entspräche,
bei schwacher Vergrösserung (Z. Ob. a_3, Ok. 2), so sieht man
(T. 1) vor allem den Durchschnitt des Kniehöckers in Form
eines langgestreckten Ovales, das an einzelnen Stellen leichte
Einkerbungen zeigt. Nach oben ist es mit einem scharfen, wohl mar-
kierten Rande frei begrenzt (untere schmale Kante), nach unten hebt
es sich, nur am hinteren Ende mit einer scharfen Einkerbung versehen, von dem angrenzenden mehr homogen aussehendem Gewebe
deutlich ab. Nach vorn geht das Oval in eine immer schmäler
werdende, dann gleich breit bleibende, dunkler gefärbte Gewebs-
masse, den Traktus, über. Schon bei dieser Vergrösserung erkennt man die Verschiedenartigkeit des Gewebes.

Im Bereiche des Corpus geniculatum sieht man allenthalben
eine grobe Körnelung des Gewebes, die aber nicht über die
ganze Fläche gleichmässig stark verteilt ist, sondern die Masse
erscheint deutlich durch hellere, aber auch noch granulirte, streifen-
artig angeordnete Stellen in einzelne Segmente geteilt. So sieht
man gerade an diesem Schnitte deren vier, wovon zwei besonders gross und auch wieder von mehr ovaler Form sind. Die
Sonderung in diese vier Felder scheint dadurch entstanden, dass
in der Gegend der hellen Streifen die rundlichen, gelblichen Gebilde weniger zahlreich als in den erwähnten Feldern angeordnet
sind; es scheint nicht, als wären sie durch anderes Gewebe von
einander geschieden.

Von der schmalen vorderen Seite her strahlen in die Masse des Kniehöckers blauschwarz gefärbte, äusserst feine Fäserchen büschelförmig ein, dieselben lassen sich peripheriewärts in den als Tractus erkannten schmalen Anteil des Schnittes verfolgen; da liegen dieselben Fäserchen ziemlich parallel, gleichsinnig mit der Längsrichtung des Tractus bei einander, zwischen sich deutliche, gelblich gefärbte, homogen aussehende Räume lassend, so dass die einzelnen Fäserchen, auch bei dieser schwachen Vergrösserung, als solche erkannt werden können.

Dort, wo diese Fasern vom Traktus in den Kniehöcker ausstrahlen, werden sie an einer Stelle, von einer etwa Zwanzigpfennigstück grossen Ansammlung von rundlichen Zellen, wie sie im Kniehöcker beschrieben wurden, auseinander gedrängt. Diese Stelle sieht ganz so aus wie die Kniehöckermasse selbst. Einzelne feine Fäserchen sieht man in diesen inselförmigen Zellenkomplex sich einzenken, andere ziehen darüber hinweg und daran vorbei.

Diese feine Fasermasse, welche über diese Stelle hinweg weiter gegen den Kniehöcker zustrebt, lässt deutlich drei grössere Ausstrahlungsbündel erkennen, wovon eines, das mittlere, die grössere Fasermenge mit sich führt und in die Masse des Kniehöckers einstrahlt; die Fasern ziehen leicht divergierend geradezu als Einzelfasern in die zellige Masse ein. Man sieht schon bei dieser Vergrösserung, wie viele Einzelfasern ziemlich weit, andere weniger weit in die Masse des Kniehöckers vordringen und daselbst verschwinden oder aufhören. Ganz vereinzelte Fasern, gerade die mittelsten, reichen bis weit hinein, und beschreiben in schwacher Krümmung einen leichten Bogen nach der Mitte etwa des freien Randes des Kniehöckers. Gerade bis dorthin und noch etwas darüber hinaus, aber stets am äusseren freien Rande bleibend, reichen Fasern hinan, welche auch aus dem Traktus zu stammen scheinen, jedoch nirgends sichtbar sich in die eigentliche Kniehöckermasse ein-

senken. Diese Fasern, oder besser gesagt Faserstücke, denn dieselben lassen sich nicht auf lange Strecken hin verfolgen, be-
grenzen sozusagen nach Art von tangential verlaufenden Fasern
den freien, äusseren Rand des Kniehöckers. Einzelne von ihnen,
die mehr nach innen gelegen sind, scheinen doch zwischen die
Zellen des Kniehöckers einzudringen und da aufzuhören.

Ein dritter, nicht unansehnlicher Faserkomplex aus dem
Traktus zieht an der unteren, beziehentlich oberen Begrenzung
des Kniehöckers entlang, und scheint diesen von dort her zu
umgreifen, und die ganze Kniehöckermasse von der angrenzenden
Gehirnsubstanz abzutrennen. Diese sind ebenfalls äusserst dünn
und vielleicht noch weniger dicht gedrängt, als die vorher beschriebenen; ihre natürliche Isolierung ist daher ganz besonders
auffallend. Sie ziehen in leichtem Bogen dem Kniehöckerrande
entlang und lassen schon bei schwacher Vergrösserung ihre Beziehung zu diesem erkennen. Die dem Kniehöcker am nächsten
gelegenen Fasern sind gegen denselben etwas stärker abgebogen,
doch nicht plötzlich, sondern ganz allmählich und hören zwischen
den Zellen auf, doch nicht am Rande der Kniehöckermasse, sondern deutlich innerhalb derselben.

Zwischen dieser Fasermasse, der erstbeschriebenen mittleren
und derjenigen, welche den freien Rand des Kniehöckers be-
geht, entstehen infolge der Ausstrahlung der Nervenmasse zwei
Buchten, in welche die Zellenmasse des Kniehöckers hineinragt.
Eben an diesen Stellen sieht man überall, längs der ganzen Begrenzungslinie der Kniehöckermasse kürzere, feine Fäserchen,
welche alle deutlich isoliert sich in die Zellenmasse des Corpus
geniculatum laterale einsenken. Darnach ziehen nicht allein die
aus den drei Hauptbündeln stammenden Markfasern des Traktus
in den Kniehöcker ein, sondern es hat den Anschein, als bezöge
dieser aus der ganzen Breite des Längsdurchschnittes des Sehstieles, einzeln verlaufende Fäserchen. Sicheren Aufschluss darüber
kann nur die Untersuchung mit starken und stärksten Linsen geben.

Die dem Kniehöcker nach unten, beziehentlich oben angrenzende Gehirnmasse zeigt nichts besonderes, sie enthält keine Markfasern, sondern zerstreute rundliche Zellen und undeutlich streifig aussehendes, gelblich gefärbtes Gewebe. Hier sowohl als im Traktus und Kniehöcker sieht man, im Gewebe zerstreut, rundliche und längliche helle Stellen mit mehr oder weniger blauschwarzen Kügelchen erfüllt. Es sind dies wohl Längs- und Querschnitte von kleineren und grösseren Gefässchen, in denen die Blutzellen durch die Weigert'sche Methode, wie gewöhnlich bei nicht zu starker Entfärbung, dunkel gefärbt sind.

Die Untersuchung mit starker Vergrösserung giebt über manches Aufschluss, was bei schwacher nur vermutet werden konnte; die stärkste Vergrösserung stellt endlich, wie sich zeigen wird, die anatomische Zusammengehörigkeit der Ganglienzellen des Corpus geniculatum laterale und der Traktusfasern unumstösslich fest. Es lässt ja schon die Betrachtung bei schwacher Vergrösserung dies als beinahe sicher erscheinen; zur sicheren Thatsache wird die Zusammengehörigkeit erst durch den Nachweis von Ganglienzellen aus dem Kniehöcker, welche mit Fasern des Traktus zusammenhängen; wenn demnach die Ursprungsstellen der Traktusfasern klar gelegt sind. Aus der in dieser Art successiv vorgenommenen Untersuchung der ganzen Schnittserie kann dann auch ein Urteil über die Menge der Traktusfasern abgegeben werden, welche im Kniehöcker ihren Ursprung finden. Dies festzustellen, ist gewiss von grossem Werte, damit hängt ja überhaupt die ganze Auffassung der anatomischen und physiologischen Bedeutung des Corpus geniculatum laterale zusammen. Die einzelnen Forscher sind weder über den sicheren Ursprung von Traktusfasern im Kniehöcker im Klaren, noch viel weniger darüber, ob dieser als eigentliche Wurzelstätte zu betrachten sei. In der hierfür massgebendsten, weil jüngsten anatomischen Arbeit Stillings (3) aus dem Jahre 1882 heisst es an der darauf bezüglichen Stelle (S. 43): „..... Unzweifelhaft

2*

endigt ein Teil der Traktusfasern in den Zellen des Corpus geniculatum laterale, der grössere tritt jedoch zwischen den grauen
Schichten hindurch und vereinigen sich die hindurchgetretenen
Züge wieder auf der Thalamusseite. Dies zeigen in voller Über-
einstimmung Faserung wie Querschnitte. . . . Als einen eigentlichen Ursprungskern des Traktus darf man daher diesen Körper
nicht betrachten, sondern als ein eingeschobenes Ganglion, wie
schon früher ausgesprochen worden ist. . . ." In wieweit sich
Stillings Anicht bestätigen wird oder umstossen lässt, wird weitere Beschreibung und Besprechung zeigen.

Bei starker Vergrösserung (DD. u. F. Zeiss Oc. 3) erscheint
das Ganglion, wie schon Henle (4) sagt: (S. 283) „. . . . dicht
erfüllt von . . . . ästigen, meist spindelförmigen, im längsten Durch-
messer 0,01 bis 0,02 mm messenden, von unregelmässigen hellen
Säumen umgebenen Zellen . . . ." Die schon früher beschriebenen
dunkler erscheinenden Felder sind viel dichter mit Ganglienzellen erfüllt, die Zwischenräume der einzelnen Zellen sind viel
kleiner, es sehen daher diese Partien weit dunkler und dichter
aus, während die schon erwähnten helleren Streifen zwischen
den dunkleren, dichten Zellansammlungen eine weniger dichte
Aneinanderdrängung von Zellen aufweisen. Man sieht da mehr
das helle faserige Grundgewebe durchschimmern. Allenthalben,
hier sowohl wie dort, sieht man zwischen den meist multipolaren
Zellen ein unentwirrbares Durcheinander von Protoplasmafortsätzen und nackten Achsencylindern. Je näher man dem Traktusanfang kommt, desto weniger regellos durch- und überkreuzen
sich diese feinsten Fäserchen. An einzelnen Fasern kann man
ganz deutlich sehen, wie der nackte Achsencylinder allmählich
besser sichtbar, dicker wird, bis er am Traktusursprung zur
deutlichen blauschwarz gefärbten Markfaser geworden.

Diese wichtige Thatsache ist besonders am Traktusanfang
zu erkennen, dort wo die Markfasern in den Kniehöcker ausstrahlen und zugleich auseinander treten.

Nicht alle Markhüllen enden hier gleichzeitig, die Nervenfasern dringen, bald mehr bald weniger weit mit Mark umgeben, in die Kniehöckermasse ein, so dass das Markloswerden, oder besser gesagt, die Bekleidung des nackten Achsencylinders mit Mark vom Kniehöcker gegen den Traktus hin ganz allmählich und nicht für alle Fasern gleichzeitig beginnt. Man sieht manche Faser noch weit innerhalb der Kniehöckermasse ganz wenig, eben merklich mit Mark umgeben, während andere Fasern wieder gerade dort, wo die Ganglienzellenmasse aufhört, die ersten Markschollen und Markanschwellungen sehen lassen.

Schon dieser Befund an dem einen Schnitte würde genügen, um mit Sicherheit anzunehmen, dass der äussere Kniehöcker für eine grosse Menge von Traktusfasern Ursprungsstätte ist. Der letzte Beweis hiefür, der Zusammenhang der nackten Achsencylinderfaser mit der Ganglienzelle, würde in diesem Falle die Sicherheit kaum erhöhen können. Ginge die Hauptmasse der Traktusfasern d u r c h die Ganglienmasse hindurch und vereinigten sich die hindurchgetretenen Züge wieder auf der Thalamusseite, dann müsste man auf dem Schnitte viel mehr Fasern sehen, welche vom Traktusanfang durch die Ganglienmasse bis jenseits derselben, gleichmässig mit Mark umgeben, verlaufen. Und wenn angegeben würde, dass diese Fasern vielleicht nicht in derselben Ebene bleiben, daher nicht auf der ganzen langen Strecke verfolgt werden können, so müsste man doch in diesem und allen anderen Schnitten viel mehr Fasern sehen, welche innerhalb der Ganglienzellenmassen bald früher, bald später, gleichviel wo, plötzlich als abgeschnittene Faser, in voller Markbekleidung wie das zugehörige Traktusstück, aufhören. Es müssten viel mehr solche Fasern angetroffen werden als Fasern, welche innerhalb oder am Anfange der Ganglienzellenmasse marklos erscheinen; weil ja jene durchziehenden Fasern den grösseren Teil der Fasernmasse ausmachen sollen.

Mehr lässt sich an diesem und allen anderen nach der

Weigert'schen Methode gefärbten Schnitten nicht erkennen. So
vortreffliches sie leistet, um Markfasern, beginnende Markbildung
kenntlich zu machen, so wenig ist sie im stande, klare Bilder zu
liefern, wenn es sich darum handelt, Ganglienzellen mit ihren
Fortsätzen und nackte Achsencylinder distinkt zu färben, um
über das allenfalls zu sehende gegenseitige Verhältnis dieser Gebilde ins Klare zu kommen. Nach der Weigert'schen Methode
färbt sich eben alles, was nicht Mark oder Blut ist, ziemlich
gleichmässig gelblich, ohne gehörige Differenzierung. Bei so
innigem Ineinandergehen der Protoplasmafortsätze und der dicht-
gedrängten Ganglienzellen und bei der innigen Verflechtung der
Achsencylinder ist eine gut differenzierende Färbung die Hauptsache, durch die allein ist man in Stand gesetzt, wenigstens annähernd, einen klaren Einblick in das Maschenwerk zu erlangen
und einzelne Fasern herauszuheben, an denen der noch fehlende
Beweis der Zusammengehörigkeit von Ganglienzelle und Nervenfaser festgestellt werden kann.

Zu diesem Behufe muss man sich der Kern- und Doppel-
färbungen bedienen. Es wurden alle üblichen angewendet (Borax
— Lythionkarmin, Pikrokarmin, Nigrosin, Goldfärbung u. s. w.).
Den besten Erfolg gewährte die Haematoxylinfärbung mit nach-
folgender Säurebehandlung. Die Schnitte werden einige Stunden in Wasser, dann über Nacht (etwa 10—12 Stunden) in
verdünnte Haematoxylinlösung (1:3) gelegt. Die dunkelblauen
stark überfärbten Schnitte bringt man darauf in angesäuerten
Alkohol (15 Tropfen Salzsäure auf 150 Gr. 70% Alkohol) und
lässt sie solange darin (1—5 Minuten), bis das wohl immer
noch anhängende Celloidin ganz farblos geworden. Der Schnitt
selbst nimmt dabei eine violette bis rötliche, recht blasse
Färbung an. Sind die Schnitte soweit entfärbt, so überführt
man sie in viel Wasser und zwar in Leitungs-, nicht destilliertes Wasser. Man kann sie beliebig lange darin liegen lassen,
sie nehmen allmählich eine entschieden blaue, dunklere Färbung

an und können gleich nach Entwässerung u. s. w. untersucht
werden, oder vorher noch in schwacher Eosinlösung nachgefärbt
werden. Ich ziehe die alleinige so beschriebene Haematoxylinfärbung jeder anderen vor. Nimmt man kein Leitungswasser,
sondern destilliertes, so behalten die Schnitte immer noch einen
Stich ins Rötliche und gewähren keinen so klaren Einblick ins
Einzelne.

So behandelte Schnitte eignen sich am besten zur Feststellung von Nervenendigungen, oder besser gesagt Nerven-
ursprüngen. Die Ganglienzellen, ihre Fortsätze und die nackten
Achsencylinder sind ganz distinkt, wenn auch blass gefärbt und
was die Hauptsache ist, die einzelnen Formelemente sind recht
deutlich von einander differenziert. Untersucht man solche
Schnitte mit apochromatem Trocken-System (Zeiss), so fällt es
nicht schwer, in jedem Schnitte wohl verschiedene Ganglienzellen zu finden, deren Fortsätze mit nackten Achsencylindern verbunden sind, welche nach der Traktus-
seite hinstreben und in Markfasern übergehen. Es
fällt nicht schwer, an einzelnen Stellen mit diesen vorzüglichsten
Linsen die feinen Unterschiede im Aussehen des Ganglienzellen-
fortsatzes und des nackten Achsencylinders festzustellen. Ersterer
zeigt, abgesehen von seiner bekannten Form, eine deutliche,
äusserst zarte, mit gewöhnlichen Linsen kaum sichtbare Pünk-
telung, die nicht regelmässig angeordnet ist, es wechseln stets
dichtere Stellen mit dünner besäeten ab. Plötzlich hört diese
Tüpfelung auf. Die Konturen sind weniger scharf gezeichnet.
der Fortsatz geht in eine zarte, ganz hellblau begrenzte, äusserst
feine Faser aus. An der Faser ist ganz deutlich ein für sich
charakteristischer, eben kenntlicher Glanz zu bemerken, den alle
nach dieser Methode gefärbten Achsencylinder erkennen lassen.
Dort, wo das Mark die nackten Fasern zu umhüllen beginnt,
ist diese um etwas weniges dicker und was besonders auffallend,
dunkler, und unregelmässiger konturirt. Die Farbenunterschiede

und das verschiedene Aussehen der drei Formelemente sind nicht so auffallend, dass sie ohne weiteres und von Jedem gesehen werden. Im Gegenteil, es bedarf aufmerksamer und genauer, anhaltender Untersuchung mit den besten Hülfsmitteln, bevor man die Unterschiede überhaupt erkennt, wenn man aber einmal soweit ist, dann bleibt der Eindruck als bestimmter erhalten und man kann nicht mehr fehl gehen. — Alle anderen Färbemittel leisten weniger.

Leider gelingt es nicht, Weigert's Methode mit einer solchen kernfärbenden zu kombinieren; dann hätte man den Vorteil, zugleich auch, im selben Schnitte, über die Markbildung orientiert zu sein; der markhaltige Teil des Nerven ist nämlich bei der Haematoxylinfärbung am wenigsten deutlich differenziert.

Die Färbung Pal's eignet sich ganz besonders zu Nachfärbungen des Gewebes und der Ganglienzellen, weil diese Gewebe bei der Behandlung mit Oxalsäure beinahe farblos werden und nicht wie bei Weigert's Färbung gelb bleiben. Trotzdem fand Pal's Methode keine Anwendung. Dieselbe ist für unsere Zwecke, wo es sich um die Färbung nicht fertig gebildeter Markfasern handelt, unbrauchbar und ihre Anwendung entschieden zu widerraten; für das Gehirn und Rückenmark Erwachsener mag sie brauchbar sein. Wo es sich aber darum handelt, Anfänge von Markanlagen, dünne Markfasern zu färben, da darf man sich keiner Methode bedienen, bei welcher die Differenzierung so rasch vor sich geht, dass man gar nicht imstande ist, den richtigen Moment derselben festzustellen. Man kann sich leicht davon überzeugen, wenn man gleichaltrige Gehirnteile nach beiden Methoden färbt; die nach Pal behandelten Schnitte zeigen viel weniger mit Mark umhüllte Fasern und die sichtbaren sind blasser und undeutlicher gefärbt; man hat sonach niemals eine richtige Vorstellung vom Grade der Markentwickelung.

Ich möchte bei dieser Gelegenheit nicht unerwähnt lassen,

dass auch die Weigert'sche Methode für embryonales Nervensystem besonders sorgfältig gehandhabt werden muss. Hat man die Entfärbungsflüssigkeit nicht vollständig ausgewaschen, so blassen die Schnitte stark nach und die feinen Fäserchen sind nach Wochen nur mehr schlecht zu sehen. Ich habe gefunden, dass sie dies nicht thun, wenn man die Schnitte lange mit Leitungswasser, nicht mit destilliertem, auswäscht und das Wasser oft wechselt. So behandelte Schnitte bleiben unverändert, vorausgesetzt, dass im Balsam kein Chloroform enthalten ist; jener darf nur in Xylol gelöst sein oder man verwendet vorteilhaft durch Wärme flüssig gemachten Dammer-Lack.

Was das Aussehen der Traktusfasern selbst anlangt, so lässt sich bei Untersuchung mit stärkerer Vergrösserung das beiläufig feststellen, was seiner Zeit (l. c. 5) für die Traktusfasern in der Nähe des Chiasma von 2—3 wöchentlichen Kindern gefunden wurde.

Die Markfasern sind in gewissem Sinne ganz mit Mark bekleidet, insofern als die Hülle nirgends vollständig unterbrochen, dieselbe ist aber noch äusserst dünn und zart; auch sieht man noch vielfach jene knotenartigen Anschwellungen, die sich erst allmählich ausgleichen und sozusagen das Markmaterial solange in sich aufgespeichert behalten. Die Räume zwischen den Einzelfasern sind infolge der Dünnheit dieser noch so gross, dass die Einzelfasern vollkommen isoliert sind, sich daher mit Leichtigkeit weithin verfolgen lassen. Freie Zellen finden sich in den Interstitien wenig mehr, zerstreut finden sich solche noch da und dort vor. Das Chiasma des gleichaltrigen Individuums zeigt dieselben in weit grösserer Menge. Auch werden wir sie an dieser Stelle bei jüngeren Exemplaren zahlreicher vorfinden.

Was eben an vorliegendem Schnitte beschrieben wurde, lässt sich nicht von allen der betreffenden Serie sagen. Während das Aussehen des Kniehöckerdurchschnittes und des Traktus selbst keine Verschiedenheit zeigt, so bietet die Einstrahlungs-

weise der Traktusfasern in die Kniehöckerzellen wechselndes.
Aussehen. Jedoch so, dass wir das beschriebene Bild in zahlreichen Schnitten in ganz derselben Weise wiederkehren sehen,
während die dazwischen liegenden Schnitte andere Verhältnisse,
andere Ursprungsstellen der Traktusfasern zeigen. Gerade die
Verschiedenheit des Aussehens giebt uns bei Durchsicht der
ganzen Schnittserie einen klaren Einblick in die Topographie
dieser wichtigen Sehnervenwurzel und klärt einigermassen die
sich widersprechenden Ansichten, welche über die Beziehungen
zwischen äusserem Kniehöcker und Sehnerv herrschten und zum
Teil noch herrschen.

Durchmustert man die ganze Schnittserie, so findet man
alle zehn bis fünfzehn Schnitte, an mehreren aufeinander folgenden, ähnliche Befunde, wie sie im vorhergehenden beschrieben
wurden. An allen anderen Schnitten sehen die Traktusfasern
dort, wo der Kniehöcker anfängt, wie abgeschnitten aus; es
fehlt auch die Einteilung der Fasermasse in drei oder mehr
Hauptbündel, welche, wie beschrieben, in die Kniehöckermasse
ungleichmässig weit hineinragen. Hingegen sieht man an den
in einer gegen den Kniehöcker zu konkaven Linie angeordneten
Traktusfasern, nur ab und zu Achsencylinderfortsätze in die Ganglienzellenmasse eintreten; es endigt sonach die weitaus grössere
Mehrzahl der Traktusfasern mit markhaltigem Teile, am Kniehöcker.

Da nun die Fasern an den Einstrahlungsstellen zu mächtigen Bündeln zusammengedrängt erscheinen; solche Strahlen-
bündel nur auf einer in bestimmten Zwischenräumen wiederkehrenden Serie deutlich ausgeprägt zu sehen sind; an den
anderen dazwischen liegenden Schnitten die Fasern in geringerer Anzahl und dann vereinzelt in die Zellenmassen verfolgbar sind; die übrigen Fasern endlich mehr weniger im Mark-
teil abgeschnitten erscheinen: so kann man mit Bestimmtheit
annehmen, dass die Traktusfasern mit strahlenförmig und
zugleich fächerförmig angeordneten Wurzelbündeln

aus dem äusseren Kniehöcker entspringen, dass dazwischen aber auch zerstreute Fasern einzeln von den Ganglienzellen abgehen und in den Zwischenräumen der strahlenförmigen Wurzelfächer in die Fasermasse des Traktus eintreten.

Die strahlenförmigen Faserbündel liegen parallel zur früher beschriebenen Schnittrichtung, in einer demnach zum Individuum nahezu sagittal gerichteten Ebene. Die Strahlen selbst haben keine nennenswerte Dicke in frontaler Richtung, denn nur auf wenigen aufeinanderfolgenden Schnitten (5—10) wird solche Faseranordnung gefunden. Die Stelle der grössten Faseransammlung in frontaler Richtung liegt in verschiedenen Höhen, sodass von vornherein nicht zu erwarten war, bei Anlegung von Horizontalschnitten für die Wurzelfasern günstige Verhältnisse anzutreffen.

Es wurden auch, nachdem der beschriebene Befund als immer wiederkehrend festgestellt war, ein gleichaltriger Traktus mit äusserem Kniehöcker in Horizontalschnitte zerlegt und zwar so, dass die Schnittebene durch Traktus (Horizontallängsschnitt) und Kniehöcker (Horizontallängsschnitt) in derselben horizontalen Ebene lag. Wenn die Deutung der Sagittalserienschnitte, wie wir sie eben gegeben, richtig war, so musste man jetzt allenthalben in den Schnitten vereinzelte, durch verschieden grosse Zwischenräume getrennte, dünne, nur wenige Fasern führende Faserzüge in die Kniehöckermasse eingetragen finden. Dies war auch der Fall. Nur an vereinzelten Stellen, die durch grosse Ganglienzellenzwischenräume getrennt waren, konnte man immer vereinzelte Fasern finden, welche aus den schmalen Faserbündelchen heraus, am nackten Achsencylinder in die Ganglienzellenmasse verfolgbar waren.

Wenn man sich erinnert, dass wir an den fächerförmig angeordneten Strahlenbündeln als konstanten Befund auch das in der Sagittalebene wirklich strahlenförmige Auseinandertreten erwähnten, so darf es nicht Wunder nehmen, wenn auf Horizontalschnitten immer nur vereinzelte Markfasern aus diesen Wurzelstrahlen in Verbindung mit Achsencylindern angetroffen werden. Alle anderen Fasern liegen eben in einer zur Schnittfläche wenig, aber immerhin merklich geneigten Ebene, diese können sonach nicht in ihrer Kontinuität getroffen werden. Sie erscheinen in ihrem Markteile wie abgeschnitten, in ähnlicher Weise wie an den Sagittalschnitten, die zwischen den Fächerstrahlen liegenden Markfasern. Aber auch diese trifft man in den Horizontalschnitten nicht sehr zahlreich in Verbindung mit ihrem Achsencylinderanteil an, auch von diesen erscheinen die meisten in ihrem Markanteile abgeschnitten. Daraus geht hervor, dass die zwischen den beschriebenen Strahlenbündeln liegenden Traktusfasern wohl auch alle im Kniehöckerganglion entspringen. Sie werden aber auf Horizontal- und Sagittalschnitten deswegen nur zum geringeren Teile mit Achsencylindern und Ganglienzellenfortsätzen in Verbindung angetroffen, weil sie beim Übergang in die Ganglienzellenmasse, wenn auch nur um ein geringes, so doch merklich genug auseinander treten, um nicht mehr in derselben Schnittebene zu liegen, wie die ihnen zugehörigen Traktusteile.

Wer sich daher damit begnügt, den Traktus und das Corpus geniculatum externum in horizontale Serienschnitte zu zerlegen, der wird alle Berechtigung dazu haben, dieses Ganglion als ein für den Ursprung des Sehnerven geradezu nebensächliches zu halten; ja er wird nicht einmal mit absoluter Sicherheit annehmen können, dass wirklich Traktusfasern diesem Ganglion entspringen. Durch die Zerlegung der beiden Gebilde in bestimmt angegebene Sagittalschnitte wird sich einem Jeden diese Ansicht als vollkommen irrig und falsch darthun. Durch die Kombination der beiden Schnittrichtungen und kritische Beurteilung jener Schnitte, die wenig Wurzelfasern führen, wird das wahre Verhältnis zwischen Sehstiel und äusserem Kniehöcker vollkommen klargestellt. Niemand, der dieser Beschreibung gefolgt ist, oder die freilich mühsame embryologisch-anatomische Untersuchung selbst nachgemacht hat, wird leugnen können, dass der äussere Kniehöcker eine äusserst wichtige Wurzelstätte für die Traktusfasern ist. Es ist darnach das Ganglion sehr wohl als eigentlicher Ursprungskern des Traktus zu betrachten und gewiss nicht „. . . . als ein eingeschobenes Ganglion . . . durch das der grössere Teil der Traktusfasern hindurch tritt. . . ."

Giebt es überhaupt Fasern, welche am Kniehöcker vorbeiziehen, ohne in diesem zu endigen? Fasern, die nach Stilling und Anderen zum grösseren Teil zwischen den grauen Schichten hindurchtreten und sich auf der Thalamusseite wieder vereinigen?

Fasern, welche die grauen Schichten des Kniehöckers durchsetzen, ohne in denselben zu endigen, konnten bei der Durchmusterung von Sagittalserienschnitten aus verschiedenen Altersstufen, nicht festgestellt werden. Hingegen wurden in vielen Schnitten die schon beschriebenen Fasern angetroffen, welche, wie in der Abbildung sichtbar, am freien Rande des Kniehöckers gleichsam tangential verlaufen. Dass diese Fasern auch dem Traktus angehören, unterliegt keinem Zweifel, dieselben konnten immer wieder in diesen hinein verfolgt werden. Was ihr Verhältnis zum Kniehöcker und ihren Verlauf anlangt, so war es nicht ganz leicht, sich darüber ein klares Bild zu verschaffen. Es gelang aber, wie schon früher erwähnt, an vielen Fasern, welche am freien Rande des Kniehöckers lagen und nicht bis in den Traktus verfolgt werden konnten, weil es sich bloss um Faserstücke handelte, Achsencylinderfortsätze nachzuweisen, welche in die Kniehöckerzellengruppe hineinragten; ein Beweis dafür, dass Fasern davon mit dem Kniehöcker zusammenhängen. Da nicht die meisten, geschweige denn alle Fasern solche Fortsätze erkennen liessen, nur wenige auf einem und demselben Schnitt bis in den Traktus verfolgbar waren, so liegt es nahe, anzunehmen, dass die Fasern von einem weiter nach aussen liegenden Teile des Kniehöckers in einen weiter nach innen liegenden Teil des Traktus gelangen, sonach auf dem Wege vom

Kniehöcker bis zum Traktus, von der äusseren Seite des Ganglion, wo sie entspringen, am äusseren freien Rande desselben in
tangentialer Richtung verlaufen, und sich dann in den nach
innen gelegenen Anteil des Traktus einsenken. Dadurch, dass
diese Fasern an verschiedenen Stellen der oberflächlicher gelegenen Schichten des Kniehöckers entspringen, sind sie verschieden lang und verlaufen auf der konvexen Oberfläche desselben in sich unregelmässig durchkreuzender Richtung immer
eine mehr tangentiale Lage einhaltend. Durch diese Verlaufsart
ist es nie möglich, Fasern auf einem längeren Wege im selben
Schnitte anzutreffen, wohl aber gewahrt man an manchen Schnitten
einen ganzen Faserkomplex vom Traktus aus gegen den freien
Rand des Kniehöckers hin ziehen, um ihn bald wie abgeschnitten
enden zu sehen. Auf demselben Schnitte sieht man dann den
freien Kniehöckerrand von Faserstücken bedeckt, welche sich
nicht in den Traktus verfolgen lassen, also von weiter innen
gelegenen Teilen desselben stammen; endlich findet man an
manchen dieser Faserstücke Achsencylinderfortsätze, ohne aber
auf demselben Schnitte einen Zusammenhang mit Traktusfasern feststellen zu können.

Auch an den Traktusfasern, welche von dem entgegengesetzten Anteil des Kniehöckers stammen, sind ähnliche, wenn
auch nicht ganz so verwickelte Verhältnisse wahrzunehmen,
welche der Einfachheit halber früher nicht erwähnt wurden, im
Anschlusse an die eben beschriebenen tangentialverlaufenden
Fasern aber gebührende Erwähnung finden müssen.

Bei genauer Durchsicht dieses auf der Abbildung (Taf. I)
unten liegenden Faserkomplexes kann man wohl die weitaus
grösste Mehrzahl der Fasern, vom Traktus bis zum Kniehöcker, in
continuo verfolgen und ebenso Achsencylinderfortsätze feststellen.
Bei vielen anderen gelingt dies aber nicht, sondern sie sind nur
als kleine Faserstücke kenntlich, bei denen man bald Achsencylinderfortsätze sieht, bald nicht, die also ebenfalls von mehr innen

gelegenen Traktusteilen nach mehr vorne aussen und oben gelegenen Kniehöckerstellen, oder umgekehrt, verlaufen. Es ist,
wie schon gesagt, diese Verlaufsrichtung nur für die geringere
Anzahl von Fasern anzunehmen, während an den früher beschriebenen am freien Rande des Kniehöckers gelegenen Fasern
dies für die weitaus meisten und in weit höherem Maasse gilt;
jene Fasern beschreiben weitaus grössere und längere Bogen als
die unten gelegenen. Kombiniert man die Verlaufsrichtung
dieser beiden in den oberflächlichen Schichten des Kniehöckers
entspringenden und verlaufenden Fasern, indem man sich die
Serienschnitte aneinander gelegt denkt, so dass Traktus und
Kniehöcker ihre körperliche natürliche Form wieder erlangen,
dann erhält man erst die richtige Vorstellung von der Anordnung dieser Fasern. Man kann wohl sagen, dass sie in gewissem
Sinne den Kniehöcker von vorne her, etwas um die Längsachse
von innen nach aussen gedreht, umgreifen und an verschieden
weit nach vorne oder hinten gelegenen Stellen des Kniehöckers
in dessen Masse sich einsenken, beziehentlich dort entspringen.
— Auch für diese Gruppe von Fasern, welche eine ganz be-
sondere Art des Ursprungs und des Verlaufes zu Eigen hat,
ist der äussere Kniehöcker gewiss kein eingeschobenes Ganglion,
sondern er muss als ihr eigentlicher Ursprungskern gelten.

Die Frage, ob Fasern vom Traktus das Ganglion blos als
Durchtritt benützen, muss demnach auch für diese Fasergruppe,
welche in diesem Sinne noch am meisten zweifelhaft erscheinen
konnte, entschieden verneint werden. Andere Fasern sind aber
weder bei dieser noch bei horizontaler Schnittführung zu treffen;
selbst bei Anlegung einer zwischen den Hauptebenen schief gelegenen Schnittebene sind keine anders verlaufende Fasern zu
sehen. Es lässt sich daher mit Sicherheit sagen, dass nach
der beschriebenen Methode zwei Hauptarten von Traktusfasern
kenntlich gemacht wurden, welche alle teils direkt, teils indirekt
durch Ergänzung der Serien, in den Kniehöcker, als Ursprungs-

stätte zurückverfolgt werden können; sie werden in so grosser
Menge angetroffen, dass wohl kaum Fasern übrig bleiben können,
die anders verlaufen als die beschriebenen.

Untersucht man in derselben Weise den Sehstiel und äusseren Kniehöcker eines Erwachsenen, so findet man von alledem,
was eben an der reifen Frucht gesehen und beschrieben worden
war, nichts, zum mindesten nicht in wünschenswerter Klarheit.
Man erlangt wohl den Eindruck, als zögen, der Hauptmasse
nach, die Fasern aus dem Kniehöcker in den Traktus ein;
ob aber die Fasern da entspringen oder nur durch und vorüberziehen, lässt sich gar nicht klarstellen. Die Markscheiden
sind vollkommen ausgewachsen, stark entwickelt, die einzelnen Fasern liegen dicht aneinander, von einer natürlichen
Isolierung ist nichts mehr zu sehen, an eine erfolgreiche Verfolgung der Einzelfaser sonach nicht mehr zu denken. Gerade
jene an der Oberfläche des Kniehöckers liegenden Fasern bieten
hier ein unentwirrbares Geflecht, an dem man am ehesten den
Eindruck gewinnt, als handelte es sich um Faserkomplexe, welche
den Kniehöcker blos bedecken, ihn förmlich einkleiden, ohne
irgendwie mit ihm und seinen Zellen in einem ursächlichen Verhältnisse zu stehen. Im Tractus selbst ist dieselbe Veränderung
vor sich gegangen, auch da sieht man eine dichtgedrängte Fasermasse; zwischen den einzelnen Fasern liegen kaum mehr, jedenfalls nicht nennenswerte Räume, wodurch Einzelfasern deutlich
sichtbar werden, und die Fasern selbst bieten nicht mehr das
zarte, stellenweise variköse Aussehen, sondern sie lassen eine
mehr gleichmässige Stärke erkennen, ohne die für jugendliche
Markfasern so charakteristischen Anschwellungen.

An den Gehirnteilen jugendlicher Individuen — Kinder von
einigen Wochen bis Monaten — kann man die Verhältnisse immer
noch ziemlich deutlich überschen, besonders wenn man vorher
die unreife und reife Frucht genau untersucht hat.

Die Untersuchung der embryonalen Gehirne bis zur reifen Frucht ergiebt Verhältnisse, die sich in gewissem Sinne mit denen für das Chiasma decken. Jedenfalls ist die Art der Bildung der Markhülle dieselbe, wenn auch die Zeiten andere sind. Zur Klarstellung der zeitlichen und örtlichen Markumhüllung dieser als äussere Kniehöckerwurzeln zu bezeichnenden Traktusfasern kamen Embryonen und unreife Früchte von 14 bis 16, 20—22, 28—30 und 36—40 Wochen zur Untersuchung.

Bei jüngeren als 14—16 Wochen alten Individuen sieht man makroskopisch gar keine deutliche Gliederung an der Stelle der Kniehöcker; die Ganglienzellengruppen sind wohl vorhanden, die charakteristische äussere Form der Kniehöcker und des in den äusseren und inneren Höcker einstrahlenden Traktus, das heisst die an entwickelteren Gehirnen äusserlich sichtbare Zweigliederung des centralsten Traktusstückes, ist aber noch gar nicht erkennbar. Erst bei 20—22—24 Wochen alten Früchten gewinnt die äussere Form dieser Gebilde an Ausdruck. Die Entwickelung der Kniehöcker nimmt langsam aber stetig zu und erlangt bei der reifen Frucht insofern ihren Höhepunkt, als die Form als solche von nun an konstant bleibt, wenn auch die Lageverhältnisse der Gebilde zueinander durch das noch fortschreitende Wachstum weitere Verschiebungen erleiden. Davon überzeugt man sich am leichtesten, wenn man die Lageverhältnisse zwischen Vierhügel, Kniehöcker und Sehstiel bei einer unreifen und reifen Frucht mit denen bei einem mehrwöchentlichen oder -monatlichen Kinde und einem Erwachsenen vergleicht.

Der äusseren Form entsprechend, zeigen auch die mikroskopischen Schnitte so junger Embryonen (14—16 Wochen) wenig Entwickelung, im Allgemeinen gar keine in Bezug auf die Markumhüllung der Traktusfasern.

In der Gegend des äusseren Kniehöckers, der äusserlich gar nicht deutlich kenntlich ist, finden sich auf den Schnitten Ganglienzellenhaufen, an welchen aber keine Sonderung in bestimmte Be-

zirke, wie wir sie an der reifen Frucht gefunden, zu sehen ist:
Diese Sonderung ist erst an der nahezu reifen Frucht bestimmt
ausgebildet. Die Gegend des Traktus zeigt die parallel verlaufenden, äusserst zarten, bei starker Vergrösserung als solche
erkennbaren nackten Achsencylinder. Von der Art der Ausstrahlung der Fasern aus dem Ganglienzellenhaufen ist begreif-
licher Weise nichts zu erkennen. Dazu sind die Verhältnisse
zu klein, die nackten Achsencylinder zu schwer, oder besser gesagt, gar nicht zu verfolgen. Der Reichtum an freien lymphoiden
Zellen ist äusserst gross, dieselben liegen besonders massig im
Traktusanteile des Schnittes zwischen den an ihrer äusserst zarten,
eben merklichen Streifelung kenntlichen Achsencylindern. Es
ist dies ein ähnliches Bild, wie wir es seiner Zeit im Chiasma
von Embryonen aus der 18.—20. Woche, angetroffen haben;
da wie dort sieht man neben den zum grössten Teil deutlich
frei zwischen den Achsencylindern liegenden Zellen, die grosse
Ähnlichkeit haben mit Leukocyten, andere liegen, welche man
für Zellen der interfibrillären Substanz ansehen möchte. Sie
färben sich nach Weigert schwarz oder doch dunkel, wenn die
Schnitte nicht zu lange in der Entfärbungsflüssigkeit gelegen
haben, und lassen einen grossen runden Kern, umgeben von einer
dünnen Schicht Protoplasma, erkennen. Auch das Kapillar-
gefässnetz ist vorhanden, aber lange nicht so dicht und reich
an Längsschnitten von Gefässen, wie in der Chiasmagegend.

Die nächst ältere 20—22 Wochen alte Frucht bietet schon
ein etwas anderes Bild. Bei schwacher Vergrösserung freilich
nicht, da sieht man nichts als Andeutungen von zelligen und
faserigen Gebilden, Ganglienzellen und Achsencylindern und freien
Zellen, nicht viel anders als beim vorhergehenden Objekte.

Nimmt man jedoch starke Vergrösserung zu Hilfe, dann
gewahrt man wohl Manches, was bis jetzt noch nicht erwähnt
werden konnte. Auch hiefür findet man am Chiasmabefunde
von Früchten aus der 30. Woche viel ähnliches. Es treten auch

hier die damals beschriebenen, noch vereinzelten, meist mehr länglichen Anschwellungen an den Achsencylindern auf. Auch diese sind weniger durchlässig für Licht, als die übrigen Achsencylinderteile, sie erscheinen infolge dessen nicht so hellgelb, stark lichtbrechend und etwas glänzend, sondern mehr trübe ins Grauliche übergehend. Dieser graulich-schwarze Farbenton beschränkt sich nicht bloss auf die betreffende Anschwellung, sondern er lässt sich von dieser aus nach beiden Richtungen hin, mehr oder weniger weit verfolgen, um dann wieder in die helle, glänzende Linie, den nackten Achsencylinder, überzugehen. Lässt sich die einzelne Faser auf eine längere Strecke verfolgen, so findet man mehrere solche Anschwellungen mit ihren allmählich sich verjüngenden Ausläufern, durch kurze nackte Achsencylinderstücke aneinander gereiht.

Es konnte ziemlich konstant festgestellt werden, dass solche Achsencylinder mit beginnender Markumhüllung besonders zahlreich an jenen Markfasern zu finden waren, welche in den fächerförmigen Strahlenbündeln dem Traktus zugeführt werden. Sehr vereinzelte, an manchen Schnitten gar keine, fanden sich in den aus der oberflächlichen Schicht des Kniehöckers entspringenden Traktusfasern. Es liegt daher die Annahme nahe, dass die Markbekleidung dieser oberflächlich entspringenden Kniehöckerfasern einer späteren Entwickelungsstufe angehöre.

Aus der Thatsache, dass die Markbildung an Früchten aus der 29.—30. Woche in der Chiasmagegend ebensoweit gediehen ist, wie diejenige am Kniehöcker und Traktusanfang 20—22 Wochen alter Früchte, lässt die schon damals für Traktus-Chiasma und Optikus ausgesprochene Ansicht, dass die Markbildung vom Centrum nach der Peripherie fortschreite, auch für die Kniehöckerfasern des Sehnerven aufstellen.

Es ist dies ein Befund, den übrigens Flechsig (6) und Jaskowitz (7) auch für andere Nervenbahnen des Gehirns und Rückenmarkes verzeichnen konnten. Wir werden sehen, dass für den ganzen Leitungsapparat der Netzhaut, für alle Wurzelfasern, welche der Untersuchung zugänglich gemacht werden konnten, diese vom Centrum zur Peripherie schrittweise vor sich gehende Art der Markumhüllung besteht.

An den nun folgenden Früchten aus 28.—30. und 36.—40. Woche schreitet der Prozess der Markbildung stetig fort; bei letzterer der nahezu reifen bis reifen Frucht findet man, wie schon beschrieben, alle Achsencylinder, wenn auch in zartester Weise, mit Mark umhüllt. Ein Unterschied in der Dicke der Mark-hüllen ist nicht festzustellen, die oberflächlich sowohl als die zwischen den Ganglienschichten entspringenden Fasern zeigen ganz dieselbe Dicke und keine Unterschiede im Aussehen. Die beim 20—22 Wochen alten Objekt erwähnte Marklosigkeit der oberflächlich entspringenden Fasern ist beim 28—30 Wochen alten nicht mehr vorhanden. Auch diese Fasern zeigen jetzt allenthalben dunklere Anschwellungen mit Fortsätzen, welche die nackten Achsencylinder eine Strecke weit bekleiden. Der Unter-schied im Grade der Entwickelung zwischen diesen und den in den Strahlenbündeln gelegenen Fasern ist aber auch jetzt noch deutlich erhalten. Man kann wohl sagen, dass der Grad des Entwickelungsunterschiedes zwischen den beiden Faserarten ge-rade um den Abstand des Alters der beiden untersuchten Früchte differiert. Am 28—30 Wochen alten Individuum zeigen die ober-flächlich verlaufenden und entspringenden Fasern jenen Ent-wickelungsgrad der Markhülle, welcher am 20—22 Wochen alten Objekte für die tiefer, in Strahlenbündeln, entspringenden Fasern, beschrieben wurde. Erst an der nahezu reifen bis reifen Frucht ist der Entwickelungsgrad der beiden Faserarten gleichwertig geworden.

Wenn auf diesen Unterschied hin auch keine besonderen und eingehenderen Untersuchungen angestellt wurden — dafür bedurfte es eines kaum zu beschaffenden Materials — so kann man doch auch bei dem zur Verfügung gestandenen Materiale mit grösster Wahrscheinlichkeit annehmen, dass es sich bei diesem Befunde um keinen zufälligen, sondern wohl um einen immer wiederkehrenden handeln dürfte.

Die Untersuchung der Gegend des äusseren Kniehöckers und Sehstieles an Embryonen und reifen Früchten, Kindern und Erwachsenen liefert darnach als Thatsache die doppelte Ursprungsart der Traktusfasern aus dem äusseren Kniehöcker. Einmal Fasern, welche von den oberflächlichen Schichten des Ganglions von den verschiedensten Stellen aus, meist oben aussen und unten aussen entspringen und bei vielfacher Durchkreuzung und einem im Ganzen schräg von aussen nach innen ziehenden Verlaufe, in den Traktus ausstrahlen.

Alle übrigen, weitaus zahlreicheren Fasern entspringen aus den inneren Schichten des Ganglion, und zwar so, dass dieselben in fächerförmig angeordneten Strahlenbündeln, die in einer etwas schrägen Sagittalebene ziemlich parallel zueinander angeordnet sind, in den Traktus einziehen. Diese Fasern verlaufen dabei vom Kniehöcker zum Traktusanfang in leicht konvergenter Richtung. Im Kniehöcker selbst sind sie demnach am isoliertesten anzutreffen.

Beide Faserarten lassen unzweideutigen Zusammenhang mit den im Kniehöcker sich nach allen Richtungen hin durchkreuzenden Achsencylindern und mit Ganglienzellenfortsätzen erkennen.

Fasern, welche durch das Ganglion bloss hindurchtreten ohne daselbst als nackte Achsencylinder zu enden, beziehentlich zu entspringen, konnten nicht nachgewiesen werden.

Der äussere Kniehöcker ist dementsprechend nur als wahres Ursprungsganglion einer grossen Anzahl von Traktusfasern anzusehen. --

In 16—20 Wochen alten Embryonen ist in diesen Wurzel-

fasern noch keine Markbildung zu konstatieren, die Fasern verlaufen alle als nackte Achsencylinder.

Die ersten Anfänge von Markbildung sieht man in Form
von zarten, etwas dunkleren Anschwellungen mit mehr oder weniger
deutlichen Fortsätzen längs der Faser, an 20—22 Wochen alten
Embryonen; doch auch nur in den Fasern der tieferen, in fächerförmigen Strahlenbündeln entspringenden Wurzeln.

Die oberflächlich entspringenden Fasern zeigen erst nach
28 Wochen langem intrauterinem Leben eben beginnende Markbildung, zu einer Zeit, wo die andere tiefere Fasergattung schon
deutliche wenn auch ganz zarte und lange noch nicht vollständige Markkleidung aufweist.

An nahezu reifen und reifen Früchten ist die Markbildung
in beiden Faserkomplexen fertiggebildet, aber immer noch von
auffallender Zartheit, die Einzelfasern erscheinen infolge ihrer
Dünnheit deutlich isoliert.

Derselbe Befund findet sich bei mehreren Wochen alten
Kindern; bei Jahre alten Kindern und Erwachsenen tritt insofern eine Veränderung auf, als die Fasern durch Zunahme der
Markhülle dicker, die Räume zwischen den einzelnen Fasern und
Faserbündelchen weitaus schmäler geworden sind. Die Einzelfaser kann nicht mehr als solche deutlich erkannt und verfolgt,
die Ursprungsstätte nicht mehr nachgewiesen werden.

Innerer Kniehöcker und Sehhügel.

Das Gehirn einer nahezu ausgetragenen Frucht wurde auch für die folgenden Untersuchungen, die Erforschung von Fasern, welche mehr in die Gegend des inneren Kniehöckers und des Sehhügel liegen, als Ausgangsobjekt benützt.

Bei Bearbeitung dieser Sehhügelgegend ergaben sich grössere technische Schwierigkeiten als man bisher angetroffen hatte. Es war vor allem nicht leicht eine passende Schnittebene ausfindig zu machen. Der Sehstiel wurde wiederum als Leitrichtung genommen und versucht den Schnitt so zu führen, dass dieser vor allem mit dem Traktus parallel verlaufend in der Haupthorizontalebene verblieb. Zu diesem Behufe wurde der Sehstiel mit den anliegenden Kniehöckern, dem Sehhügel, dem angrenzenden Streifenhügel und einem Stücke des Gehirnfusses herausgeschnitten. An diesem Stücke nun wurden die unnötigen Teile zur Verkleinerung der Schnittfläche abgetrennt, nur der Sehhügel wurde zur genauen Orientierung vorerst noch ganz gelassen. Es ist dies unumgänglich notwendig, da man sonst gar keinen Anhaltspunkt für die Lage des Traktus behält; der dann angelegte Schnitt kann nicht mehr genau genug festgestellt werden. Man kann übrigens ebensogut den vorderen Abschnitt des Sehstieles mit dem halben Chiasma daran lassen, auch diese Teile geben einen genügenden Anhaltspunkt.

Ich ziehe es vor den Thalamus selbst ganz zu lassen, da man dann die Neigung der Horizontalebene besser beurteilen

kann. Auch bei Untersuchung dieser Gegend kommt es sehr
wohl auf die richtige Einhaltung der einmal festgestellten Schnittführung an, da man bei der sonstigen Beständigkeit der topo-
graphischen Verhältnisse, nur so bestimmte Fasergruppen und
gar Einzelfasern wieder finden kann. Es ereignete sich anfangs
auch hier, wenn zu wenig darauf geachtet wurde, dass sich uns
manchmal ganz neue Verhältnisse eröffneten, während wir
nur darnach strebten, das Alte wieder zu sehen. Glücklicher-
weise ist der Verlauf der Fasern in den gleichalterigen Individuen
und bei Erwachsenen ein so beständiger und genauer, dass die
feste Einhaltung der Schnittrichtung genügt um einmal Ge-
sehenes wieder zu finden; freilich ist es andererseits nicht leicht,
die Schnittrichtung so ganz genau einzuhalten, wenigstens nicht
auf Differenzen von Millimetern, dies um so weniger, als es auch
nicht leicht möglich ist, die einzuhaltende Richtung an heraus-
präparierten Gehirnteilen mit solcher geometrischer Genauigkeit
anzugeben. Ich erwähne das hier ausdrücklich, weil es einem
Nachuntersucher leicht vorkommen kann, dass er trotz Einhaltung
der Vorschriften nicht gleich den gewünschten Erfolg hat.
Etwas Lehrgeld muss man am Materiale einbüssen.

Zunächst wurde mit besonderer Berücksichtigung des Thalamus und Traktus eine Schnittrichtung gewählt, welche nahezu
in der Horizontalen liegend, der Längsfaserung des Traktus
parallel lag, das Corpus geniculatum internum auf seiner Höhe
tangential berührte und den Thalamus so durchzog, dass das
vordringende Messer an der dem Traktus gegenüberliegenden
Seite heraustretend, ein Segment des Thalamus abtrug. Die
Ausschnittstelle lag im Bereiche des Thalamuskörper. Unter,
oder richtiger gesagt ober der einen Schnittfläche lag demnach
ein kleiner Abschnitt des Thalamuskörper mit seiner Begrenzungs-
fläche nach der Medianlinie zu, und der ganze Anteil des Hirn-
schenkelfusses.

Unter, beziehentlich über der Schnittfläche des anderen,

grösseren Gehirnstückes liegt zunächst der Traktus mit dem inneren Kniehöcker, dem grössten Stücke des Sehhügels (über ²/₃), dem ganzen sogenannten Pulvinar und Teilen der Brachia conjunctiva der Vierhügel und Kniehöcker; dazu kommt dann noch als Basis gleichsam, das ganze Corpus striatum oder ein Teil davon. Durch die Masse des Corpus striatum und des angrenzenden Sehhügels wird nun ein Schnitt geführt, der dem ersten parallel liegt, dadurch wird das Gehirnstück verkleinert und durch die nun zur künftigen Schnittfläche parallele Ebene, zum Aufkleben und Schneiden brauchbar hergerichtet. Diese Schnittführung wurde nicht gleich von vornherein angewendet, sondern stellte sich erst im Laufe der Untersuchung, nachdem andere wenig brauchbares oder nichts ergaben, als die günstigste heraus.

Da der Sehstiel auf seinem Wege von der Kniehöckergegend bis zum Chiasma, längs des Sehhügels, nicht eine ganz gerade Richtung einhält, sondern in zweifacher Weise gekrümmt ist, so erhält man anfänglich Schnitte, in welchen nichts, oder nur End- und Anfangsstücke vom Traktus enthalten sind. Die Krümmung des Traktus ist einmal dadurch hervorgerufen, dass er sich an die konvexe Seite des Thalamus anlegt, dadurch erhält er einen nach der Medianlinie leicht konkaven Verlauf. Bedeutender ist seine Krümmung in mehr sagittaler Richtung im Sinne von vorne nach hinten. Die Teile des Traktus, welche aus den beiden Kniehöckern austreten, die sogenannten Kniehöckerarme des Sehstieles, verlaufen von unten her etwas nach oben vorne, denn die Kniehöcker liegen etwas tiefer als der Sehstiel selbst, das heisst als seine mittlere Partie. Da nun das Chiasma nahezu in derselben Höhe liegt wie die Kniehöcker, eher noch etwas tiefer, also auch wieder entschieden tiefer, als der mittlere Anteil des Sehstieles, so muss dadurch ein Verlauf des ganzen Traktus zustande kommen, welcher mit einem in sagittaler Richtung nach unten etwas konkaven Bogenabschnitt verglichen werden kann.

Der entsprechend zugeschnittene Gehirnwürfel wurde nun, in Serienschnitte zerlegt und zur Untersuchung hergerichtet. Es bietet nicht die ganze Serie dasselbe Bild. Die Schnitte lassen sich von vornherein in zwei Gruppen scheiden, die auch getrennt beschrieben werden sollen. Von obenher, das heisst dorsalwärts angefangen, haben wir die eine Gruppe, die grössere, in der nur Thalamusanteile und Längsschnitte des Traktus enthalten sind. Die tiefer, ventralwärts liegenden Schnitte enthalten zunächst Thalamusanteile, Längsschnitte des Traktus und Durchschnitte des inneren Kniehöckers. In noch anderen Schnitten treten dann auch Anteile des äusseren Kniehöckers auf; diese können aber nicht in Betracht kommen, weil sie wegen der besagten Krümmung des Traktus keine Fasern desselben enthalten. Brauchbar sind eben nur solche Schnitte, auf welchen Traktusfasern bestimmt erkennbar sind, nur dann lässt sich der Zusammenhang dieser mit anderen Gebilden sicher feststellen.

Es ist vorteilhaft, zuerst jene Schnitte zu besprechen, welche nur Thalamusteile und Traktuslängsschnitte enthalten.

Untersucht man einen Schnitt aus dieser Serie bei schwacher Vergrösserung, etwa Zeiss, Obj. a_3 Ok. 2 (siehe T. 2), so lassen sich gleich von vornherein drei Hauptfelder erkennen, welche durch ihr Aussehen von einander unterscheidbar sind. Am oberen Anteil des Schnittes sieht man eine grosse Ansammlung von rundlichen, gelblich gefärbten (Weigert) Zellen, mit dazwischen einer zahllosen Menge kleiner rundlicher und länglicher schwärzlich gefärbter Pünktchen und Strichen. Es sind dies jedenfalls Quer- und Längsschnitte eines ziemlich engen Kapillarnetzes, welches die ganze Zellansammlung durchzieht. Diese selbst hat eine etwas längliche, unregelmässig ovale Form, mit einer nach vorne, beziehentlich nach aussen etwas konvexen, nach hinten (innen) etwas mehr konkaven Begrenzung. Ganz besonders an der vorderen konvexen Begrenzungslinie und an der

Stelle, wo die beiden Linien hinten zusammenstossen, gewahrt man eine grosse Menge von zarten schwärzlich gefärbten Fäserchen zwischen die rundlichen Zellen einstrahlen. Es macht wiederum den Eindruck, als wären dies Ursprungsteilchen von Nervenfasern, ähnlich wie die beim Corpus geniculatum externum beschriebenen. Nur zeigt die Art der Anordnung eine auffallende Verschiedenheit. Die Fäserchen sind hier gleichmässig zu Bündelchen vereinigt, über die ganze Begrenzungslinie verteilt, jedoch so, dass die Bündelchen beim Übergang in die Zellengruppe sofort in ihre zartesten Einzelfäserchen zerfallen und diese mehr strahlenförmig auseinandertreten. Daher kommt es, dass innerhalb der Zellanhäufung diese zarten Faserteilchen nicht mehr so sehr bündelförmig angeordnet sind, sondern mehr gleichmässig, als Einzelfäserchen auf der ganzen Linie hin erkennbar sind.

Verfolgt man diese Fäserchen weiter, nicht in die Zellmasse, denn dies ist bei solcher Vergrösserung nicht möglich, sondern nach aussen zu in das mittlere der drei Felder hinein, so sieht man die Fäserchen sich — wie schon erwähnt — gleich zu kleinen Bündelchen vereinen. Je weiter man bis zu einem bestimmten Punkt in dies mittlere Feld vordringt, desto deutlicher und ausgeprägter ist die Vereinigung dieser Fäserchen zu kleinen Bündeln. Die Faserkomplexe selbst sind im ganzen Felde deutlich durch mehr oder weniger gelbliche Zwischenräume voneinander getrennt. Die Breite dieser Räume ist nicht überall gleich. Es ergiebt sich daraus kein vollkommen gerader Verlauf der Bündeln. Diese ziehen vielmehr in äusserst flach, manchmal gar nicht gekrümmten, ganz zart welligen Zügen nach dem dritten Felde hin. Durch die flachen Wellen und den kaum angedeuteten bogenförmigen Verlauf müssen die Räume zwischen den einzelnen Faserzügen ungleich breit ausfallen.

Etwa im letzten Dritteile dieses Feldes treten die Bündel näher aneinander und verändern zum Teil ihre Richtung Ganz besonders auffallend ist dies an jenen Faserbündeln kenntlich,

welche an dem etwas breiteren Ende des Feldes verlaufen. Hier
beschreiben dieselben einen recht ausgesprochenen Bogen, dessen
Knie ziemlich spitz ist und an der Stelle, wo das zweite Feld
in das dritte übergeht, am deutlichsten ausgeprägt ist. Ebenda
treten die Einzelfasern der Bündel, gerade so wie an der
oben beschriebenen Stelle, mehr aneinander, so dass an den
bogenförmig verlaufenden Bündeln ganz deutlich Einzelfasern
zu erkennen sind, welche gleich den Hauptbündeln mit ihren
Endstücken in das dritte Feld einstrahlen. Es gelingt schon bei
dieser Vergrösserung unschwer aus dem Fasergemenge heraus
faktisch einzelne deutlich isolierte Fasern zu verfolgen, welche
unzweifelhaft in das dritte Feld, den Traktus einstrahlen.

Nicht allein an den eben beschriebenen Faserbündeln ist ein
solcher Übergang bemerkbar. Auch an den anderen, welche
in gleicher Richtung mit diesen verlaufen, ist zu sehen wie
ihre Endstücke, dort wo das dritte Feld beginnt einen schwach
angedeuteten Winkel bilden, und nachdem die Einzelfasern der
Bündel etwas auseinandergetreten sind, in den Traktus einzustrahlen scheinen. Sicher entscheiden darüber wird die Untersuchung mit starken Vergrösserungen.

Das dritte Feld, in welches die Bündel einzustrahlen scheinen,
ist als Längsschnitt des Traktus nicht zu verkennen. Senkrecht
auf den Verlauf der Faserbündel im Mittelfelde zeigt dieser Teil
des Schnittes eine deutliche, zarte Streifelung des gelblichen
Grundes. Zwischen diesen zarten Streifen und parallel mit ihnen
verlaufen einzeln und zu Bündelchen vereint, eine ansehnliche
Menge zarter blauschwarz gefärbter Fasern: die mit Mark unvollständig umgebenen Achsencylinder und die noch nackten
Nervenfasern. Zwischen diesen zerstreut liegen eine Menge freier
Zellen, sowie Längs- und Querschnitte von mit schwarzgefärbten
Blutkörperchen erfüllten Blutgefässen. Solche viel kleinere Durch-
schnitte (Kapillaren) waren auch im Mittelfelde zwischen den
Faserbündeln zerstreut zu sehen. An der Stelle wo die senk-

recht zum Traktuslängsschnitt verlaufenden Faserbündel in den Traktus einbiegen, ganz besonders an den am breiten Teile des Mittelfeldes einstrahlenden Einzelfasern ist schon bei schwacher Vergrösserung eine stärkere Anhäufung von teils freien, teils wohl dem Gliagewebe angehörigen Zellen sichtbar. Die feinen äusserst zarten Fäserchen liegen in diesem Zellhaufen geradezu eingebettet.

Untersucht man nun die drei Felder dieser Schnitte bei starker Vergrösserung (Zeiss Ob. DD u. F.-Ok. 3), so erkennt man in dem erst beschriebenen Abschnitte eine dichte Ansammlung von Ganglienzellen mittlerer Grösse. Dieselben sind schön ausgeprägt, von zierlicherem und zarterem Baue als die im Corpus geniculatum externum. Die Zellen sind durch dichtes Gliagewebe weiter auseinandergerückt als dort. Das Geflecht und Gewirr der Protoplasmafortsätze tritt in dem dichten Grundgewebe weniger deutlich hervor; immerhin ist unzweifelhaft zu erkennen, dass die Zellen multipolare sind und dass ihre Fortsätze in Achsencylinder übergehen; an manchen, jedoch sehr vereinzelten Stellen fand man auch diese mit ausstrahlenden Markfasern verbunden. Die dichte Zwischensubstanz und die vielen schon bei schwacher Vergrösserung erkannten Durchschnitte der kleinen Gefässchen, welche zu einem dichten Kapillarnetz zusammengedrängt sind, machen es bei dieser Färbung äusserst schwer und mühsam, die nackten Achsencylinder und Ganglienzellenfortsätze zu verfolgen, ihr Verhalten zu einander, ihre Zusammengehörigkeit festzustellen. Bei alledem kann es keinem Zweifel unterliegen, dass die vielen Fasern, welche in der ganzen dem Traktus zugekehrten Seite des Ganglienhaufens in diesen einzustrahlen scheinen, dies wirklich thun und thatsächlich den Zellen dieses Ganglions ihren Ursprung verdanken.

Wenn hiefür kein weiterer Beleg vorläge, als die Thatsache, dass Markfasern in den Ganglienzellenhaufen einstrahlen und daselbst als nackte Achsencylinder wiedererkannt werden, so würde schon

dieser nur an einzelnen Fasern festgestellte Befund genügen, um
den beschriebenen Ganglienhaufen als Ursprungskern aller aus
demselben austretenden Fasern anzusprechen. Die Hämatoxylin-
färbung mit folgender Säurebehandlung ist dabei unentbehrlich.

Was die Menge der Fasern anlangt, welche aus diesem Kerne
entspringt, so erweist sich dieselbe bei Untersuchung mit starker
Vergrösserung als eine erhebliche. Die aus dem Zellhaufen austretenden Fäserchen sind zahllos und vereinigen sich alle zu den
Faserzügen, welche zum Traktus hinziehen und wie sich zeigen
wird, in diesen einstrahlen. An den dem Sehstiel zugekehrten
Seiten dieses Ganglions sind keine Fasern zu sehen, welche daselbst austreten, ohne sich zu den grossen Faserzügen zu vereinigen und dem Traktus zuzustreben. Es folgt daraus die für
die Beurteilung der Fasermasse, welche dem Traktus von diesen
Ganglienzellen zugeführt wird, wichtige Thatsache, dass die zahlreichen hier entspringenden Fasern dem Komplexe angehören, welcher vollständig in den Traktus aufgeht.
Der Beweis hierfür ergibt sich schon bei aufmerksamer Betrachtung der beigegebenen Tafel (2), sie entspricht diesem Schnitte und
ist bei schwacher Vergrösserung gezeichnet, die Verhältnisse sind
äusserst treu wiedergegeben. Die Untersuchung mit starker Vergrösserung erhärtet den Befund zu einer unumstösslichen Thatsache.

Einerseits die Thatsache, dass alle Fäserchen, welche in der
Ganglienzellenmasse entspringen und aus ihr austreten, sich
zu Zügen vereinigen, zum Traktus ziehen und dort bei allmählicher Auflösung in deutlich isolierte Einzelfäserchen, im Bogen
in die Masse des Traktus sich einsenken; andererseits die
Thatsache, dass diese isolierten scharf gezeichneten Einzelfäserchen weiterhin in den Traktus zwischen den übrigen
markhaltigen und marklosen Fasern unzweifelhaft verfolgt
werden können!

Die Untersuchung des Traktus selbst liefert bei dieser
starken Vergrösserung nicht viel Neues. Abgesehen von der

Deutlichkeit und Klarheit, mit welcher die Einzelfasern von dem
Mittelfelde in den Traktuslängsschnitt verfolgt werden können,
sieht man an den Fasern selbst die hinlänglich bekannten Einzel-
heiten der jungen, noch unvollständig entwickelten Markfaser.
Es muss schon auf den ersten Blick auffallen, und wird bei genauer Untersuchung nur mehr vollends bestätigt, dass die Markfasern während ihres Überganges vom Mittelfeld in den Traktus,
und ganz besonders im Traktus selbst, an Dicke abnehmen,
deutlich zarter werden. Während die Einzelfaser im Mittelfelde
nahezu vollständig mit Mark versehen ist, wenigstens nirgends
an derselben deutliche Unterbrechungen der Markhülle sichtbar
sind, erscheinen die Fasern des Traktus in einem weit weniger
vorgeschrittenen Stadium der Markbildung. Ganz bedeutende
Mengen von nackten Achsencylindern liegen zwischen den noch
zerstreuten Anhäufungen von mit Mark umhüllten Fasern. Diese
sind aber mehr bündelweise angeordnet; man erkennt an den
einzelnen Fäserchen noch deutlich die zarten, oft wiederkehrenden Anschwellungen, die nach unserer Auffassung, wie schon
öfters erwähnt, das zur Markbildung aufgespeicherte Material
enthalten. Die Fasern des Mittelfeldes hingegen sind gleichmässig dick und lassen nur wenige, ganz entfernt von einander
liegende Anschwellungen erkennen. Diese Verhältnisse kehren
in der ganzen Schnittserie wieder und werden an anderen gleichalterigen Individuen gleichfalls vorgefunden. Es ist dies ein
neuer Beweis für die schon früher (5) ausgesprochene Ansicht,
dass die Markbildung vom Centrum gegen die Peripherie
fortschreitet.

Das Mittelfeld der ventralwärts in der Serie folgenden Schnitte
zeigt bei starker Vergrösserung an den, zwischen den querüber
laufenden Faserbündeln befindlichen Gewebsfeldern, an bestimmten Stellen, eine etwas andere Zeichnung wie bisher. Während
die Hauptanteile dieser Zwischenfelder aus Gliamasse mit kleinen
Zellen und Blutgefässchen durchsetzt bestehen, findet sich in Teilen

der Zwischenräume, welche nahe am Traktus liegen und ganz
besonders an diesem direkt angrenzen, ohne jedoch mit denselben in Verbindung zu treten, ein ganz anderes Gewebe. Bei
schwacher Vergrösserung war es durch zarte Tüpfelung kaum
angedeutet; bei starker hingegen lösen sich diese zarten Tüpfel-
chen in deutliche Quer- und Schrägschnitte von zarten Nervenfasern auf, die zum allergrössten Teil bloss aus nacktem Achsencylinder bestehen, denen aber auch schon solche untermischt
sind, an welchen man eine zarte Anlage von Markhülle erkennen
kann. Am dichtesten gedrängt sind die Quer- und Schrägschnitte
an der dem Traktus angrenzenden Partie; je weiter man sich
davon entfernt, desto weniger zahlreich werden sie, bis sie über
der Hälfte des Mittelfeldes gar nicht mehr vorhanden sind.

In manchen Teilen ähnliche Befunde wie der erst beschriebene
Schnitt dieser Serie, zeigen die anderen Schnitte aus tiefer gelegenen Regionen. Sie enthalten aber ein neues Gebilde, das
bis jetzt nicht zur Besprechung gekommen war. Die Schnitte
gehen durch den Thalamusteil, der schon in dem früher besprochenen Schnitte enthalten war, mit dem Unterschiede, dass er einer
tiefer befindlichen Stelle entspricht, dann durch das Corpus geniculatum internum und dem diesem zugehörigen Sehstielanteil. Die
Ebene ist dieselbe wie bisher. Die Schnitte, welche alle diese
Gebilde enthalten, sind aber nicht zahlreich, da die vorhandenen
Teile nicht lange in derselben Ebene liegen bleiben.

Auch hier ist es vorteilhaft, bei schwacher Vergrösserung
(Z. Ob. a 3 oder A. Ok. 2) sich über die Topographie zu orientieren.
Es lässt sich wiederum eine Einteilung in drei Hauptfelder vor-
nehmen. Das erste Feld der Ganglienzellengruppe ist im Wesent-
lichen gleich geblieben, nur ist die Ausdehnung eine grössere;
der Querschnitt des Ganglions ist hier, um den fünften bis
vierten Teil etwa, grösser als bisher; dafür ist aber der Ursprungs-
bezirk für die nach dem Mittelfelde hinziehenden Fasern ein
geringerer. Nicht aus der ganzen, dem Sehstiel zugekehrten

Randpartie des Ganglions treten die Fäserchen aus. Die Hauptmenge entwickelt sich aus dem vom Traktus etwas weiter weg liegenden Anteil. Der Faserkomplex im Mittelfelde nimmt demnach einen etwas geringeren Flächenraum ein. Die Verminderung des Flächenraumes ist auch noch dadurch bedingt, dass der Abstand zwischen dem ersten und dritten Felde geringer geworden ist. Es hängt das wohl damit zusammen, dass gerade dort, wo die Traktusarme aus den Knichöckern austreten und sich zum eigentlichen Sehstiel vereinigen, die stärkste Krümmung desselben wahrzunehmen ist. Die Faserzüge selbst zeigen sonst keine Verschiedenheit. Die Austrittsstellen am Ganglion sind ganz ähnlich beschaffen, auch hier beginnen die Faserbündel mit zahlreichen äusserst zarten Fäserchen, welche sich allsogleich zu kompakteren Faserzügen vereinen. Die Einzelfasern zeigen denselben Entwickelungsgrad, dieselbe Dicke. Die einzelnen Faserzüge erscheinen aber näher aneinander gerückt, so dass die Zwischenfelder an manchen Stellen nicht so breit sind. Ganz besonders verschieden ist das Aussehen der Übergangsstelle der Faserzüge vom Mittelfelde in das dritte Feld. Bevor ich darauf eingehe, möchte ich letzteres besprechen.

Das dritte Feld, welches in der erstbesprochenen Schnittserie bloss den Traktus enthielt, zerfällt in zwei ihrem Aussehen nach verschiedene Teile. Das eine von dem Faserkomplex entfernter liegende Stück ist sofort an seiner der Längsrichtung parallelen Streifelung, den blauschwarzen dazwischen liegenden zarten Fäserchen, den Quer- und Längsdurchschnitten von mit schwärzlich gefärbten Blutzellen erfüllten Gefässen, als Traktusstück erkennbar. Der daran angrenzende Teil, gleichsam eine Verbreiterung desselben darstellend, liegt vollständig im Bereiche der Faserzüge eingebettet und bietet ein mehr zelliges Aussehen, ähnlich wie die bisher beschriebenen Anhäufungen von Ganglienzellen. Der Zellhaufen zeigt die Form eines Ovales mit einer nach aussen stärker konvexen Begrenzungslinie. Die Zellen-

masse ist gut und scharf vom übrigen Gewebe durch blauschwarz
gefärbte Faserzüge feinsten Kalibers getrennt. Nach innen
bilden die Grenze, die in die Zellenmasse einstrahlenden Faserzüge; nach hinten, ein Gewirr von kleinen und kleinsten Faserteilchen; nach aussen, mehr dem konvexen Rande des Zellen-
haufens parallel laufende Fäserchen, untermischt mit kleinen,
unregelmässig angeordneten Faserteilchen; nach vorne, wie schon
erwähnt, der Traktusanfang.

Bei starker Vergrösserung (Zeiss Ob. DD und F. Ok. 3) erkennt
man in dem so begrenzten Zellhaufen eine Menge grösserer
Ganglienzellen mit ganz deutlich sichtbarem Kern und grossem
Protoplasmaleib. Von Fortsätzen ist an manchen bloss einer, an
vielen anderen sind deren mehrere zu erkennen. Die Zellen
liegen in einem feinfaserigen Gliagewebe, das stark mit kleinen
Zellen durchsetzt ist, eingebettet. Eine zahllose Menge von
nackten Achsencylindern durchkreuzen sich dazwischen in un-
entwirrbarem Geflechte, dieselben werden aber vielfach auch von
kleineren Faserteilchen durchzogen, welche deutliche Markhülle
zeigen. Diese markhaltigen Faserteilchen verlaufen in verschiedenen Richtungen durcheinander; man muss demnach für
dieselben ganz verschiedene Verlaufsrichtungen und Ursprungsstellen annehmen. Die Bedeutung solcher Faserstücke ist daher nicht ohne weiteres klar, sie wird sich jedoch späterhin
mit grosser Wahrscheinlichkeit klarstellen lassen, besonders nachdem die übrigen am Ganglienkörper liegenden Fasern ihrer Be-
stimmung nach gesichtet sein werden.

Ein Teil der Faserzüge, welche vom Ganglienkörper aus
dem ersten Felde kommen, und gerade jener Teil, welcher dem
Traktusanfang nahe. liegt, geht unzweifelhaft — das kann man
schon bei schwacher Vergrösserung sehen — in den Traktus
über. Der vierte bis dritte Teil des ganzen Faserkomplexes
biegt am Übergang vom Ganglienkörper zum Traktusanfang, in
ziemlich flachem aber deutlich ausgeprägtem Bogen, vom Mittel-

felde gegen den Traktus ab. Die Einzelfasern drängen sich da
stark zusammen, sind aber immer noch äusserst deutlich isoliert,
so dass man thatsächlich Faser für Faser verfolgen und sich
von der Thatsache überzeugen kann, dass dieselben in den Sehstiel eintreten. An dem Schnitte, der hier abgebildet ist, sieht
man an jener Stelle wo diese Fasern in den Traktus einstrahlen,
den Längschnitt eines grösseren Gefässes, welches bis weit in
den Traktus hineinragt. Eben dieses Gefässtück wird von den
beschriebenen Fasern umgeben. Die Fasern, welche jenseits des
Gefässes liegen, sind deutlich, ununterbrochen in den Sehstiel zu
verfolgen, an den übrigen, welche diesseits liegen ist dies nicht
möglich, weil ihr Verlauf durch den Gefässdurchschnitt unterbrochen ist. Jenseits dieses Gefässstückes verlaufen die Faserteile genau in derselben Richtung, sodass sie wohl als dazu
gehörig betrachtet werden müssen. Übrigens ist an folgenden
Schnitten auch an dieser Stelle, nach Wegfall des Gefässes, dasselbe Faserbündel in continuo in den Traktus zu verfolgen. Es
wurde trotzdem dieser Schnitt zur Abbildung gebracht, weil
manches andere auf demselben besser sichtbar ist.

Die übrigen zwei Dritteile der Faserzüge bieten dem Untersucher keinen so klaren Einblick in ihre Verlaufsrichtung. Die
Faserbündel sind beim Übergang in das Ganglion ebenso aufge-
fasert wie die erst beschriebenen, die Einzelfäserchen lassen sich
aber nicht direkt in den Traktus verfolgen, sondern es hat den
Anschein, als verlören sie sich in der Ganglienmasse. An einem
Teile der Fasern sieht man freilich, dass sie eine Richtung ein-
schlagen die dem Traktus deutlich zustrebt, so dass man doch
berechtigt wäre anzunehmen, dass sie durch das Ganglion, das
Corpus geniculatum internum hindurch, und in den Traktus eintreten. Bei der Durchsicht der folgenden und vorhergehenden
Schnitte wird man in dieser Meinung vollauf bestärkt. Man
sieht nämlich immer wieder Faserstücke, die dieser Richtung
entsprechen, aber in den einzelnen Schnitten verschieden weit

4*

von der Eingangsstelle der grossen Faserzüge liegen. Nirgend
sieht man, weder an den eintretenden Faserbündeln, noch an den
Faserstücken der verschiedenen Schnitte, nackte Achsencylinder
oder gar Verbindungen mit Ganglienzellenfortsätzen. Ein Umstand der wiederum dafür spricht, dass auch diese Fasern dem
Traktus angehören. Man bekommt sie wohl deswegen nicht
auf einem Schnitte in ihrem ganzen Verlaufe zur Ansicht, weil
dieser nicht in derselben Ebene bleibt. Diese Fasern nehmen ähnlich
wie jene am äusseren Kniehöcker einen Weg, der in den oberflächlichen Schichten des inneren Kniehöckers über die Konvexität
desselben herüber zieht, und in einer mehr nach aussen liegenden
Stelle des Traktus einmündet. Bei solcher Richtung können nur
immer Faserstücke in den einzelnen Schnitten getroffen werden,
die sich zu einem Faserbündel ergänzen lassen, welches zuletzt
doch in den Traktus einmündet.

Die Richtigkeit dieser Deutung angenommen, bleibt immerhin noch ein freilich verschwindend kleiner Teil von Fasern über,
von dem man weder sagen kann, dass er direkt in den Traktus
einmündet, noch dass er in derselben Weise verlaufen mag, wie
die eben beschriebenen Faserzüge. Ich muss gestehen, dass die
Deutung dieser geringen Menge von Fasern nicht sehr leicht ist.
Es lässt sich nicht leugnen, dass es von vornherein den Anschein
hat, als stände die eben zu besprechende kleinste Fasergruppe in
gar keiner Beziehung zum Sehstiele. Ganz besonders scheint
dies der Fall zu sein, wenn man die beiliegende Abbildung be-
fragt. Nur die systematische Untersuchung der ganzen Schnittserie gestattet eine Deutung, die mit grosser Wahrscheinlichkeit
Anspruch auf Richtigkeit erheben kann.

Bei schwacher, noch besser bei starker Vergrösserung
sieht man an diesem und an folgenden Schnitten eben diese
äussersten Faserzüge, in entgegengesetzter Richtung vom Traktus,
sich am Kniehöcker in Fäserchen auflösen und ohne Achsencylinderfortsätze zu zeigen, an den oberflächlichen Schichten des

Kniehöckers vorbei, in derselben entgegengesetzten Richtung, weiter ziehen. An allen Schnitten erscheinen aber diese Fasern an dieser Stelle, dem hinteren Anteile des Kniehöckers, im Markteile abgeschnitten ohne die äusserste Grenze zu überschreiten. Dafür sieht man aber ebenso gestaltete Faserstücke am äusseren Teile dieser Kniehöckerpartie in wiederum entgegengesetzter, also jetzt dem Traktus gleichsinniger Richtung verlaufen. Gerade diese Faserteile nehmen in den folgenden Schnitten immer mehr an Menge zu und vermengen sich mit einer neuen Fasergattung, die deutlich in kompakterem Zuge dem Traktus zustrebt.

Wenn auch dieses Gewirr der Faserteilchen am hinteren Kniehöckerwinkel ein recht wenig durchsichtiges ist, so sprechen doch viele Thatsachen dafür, dass es sich hier nur um eine Art Schleife der äusseren Faserzüge aus dem grossen Ganglion handelt, welche die Oberfläche und die oberflächlichen Schichten des inneren Kniehöckers bekleiden, auf dem etwas längerem Wege über den Kniehöcker herum, ohne mit diesem in organische Verbindung zu treten, in den Traktus, und zwar mehr an seiner äusseren Seite, eingehen. Handelte es sich nämlich wirklich um Fasern, welche mit dem Traktus nichts zu thun haben, dann müsste man bei Durchmusterung der Serienschnitte auch thatsächlich Fasern finden, welche über dem Kniehöcker hinaus eine dem Traktus entgegengesetzte Richtung beibehielten. Dies ist aber niemals der Fall, auch dann nicht, wenn der Kniehöcker nach anderen Ebenen als der vorliegenden in Serienschnitte zerlegt wurde.

Da man bei allen den angewandten Schnittrichtungen Faserteilchen findet, die in der beschriebenen Weise erst in entgegengesetzter, dann jenseits der Krümmung in zum Traktus gleichsinniger Richtung an der Oberfläche des Kniehöckers verlaufen, und nicht am Traktus vorbei verfolgbar sind, so erscheint mir die Annahme eines solchen schleifenartigen Faserzuges vom grossen in der Thalamusgegend gelegenen Ganglienkörper aus, über und um den inneren Kniehöcker zum Traktus, mindestens gerechtfertigt. Jedenfalls entspringen jenem Ganglienkörper keine Fasern, welche nach einer anderen Richtung als der des Kniehöcker und Sehnerven ziehen. Es ist dies eine Thatsache, welche die Wahrscheinlichkeit der Annahme, dass auch die äussersten Faserzüge des Mittelfeldes, die nicht direkt verfolgbar sind, dem Traktus angehören und auf einem kleinen Umwege dahin ziehen, um ein Bedeutendes erhöht.

Endlich wäre noch eines Faserzuges zu gedenken, der in ganz derselben Weise aus dem inneren Kniehöcker entspringt, wie der bei Abhandlung des äusseren Kniehöckers zuletzt besprochene. Nur mit dem Unterschiede, dass dieser Faserzug schwächer ist, und dass seine Fasern mit den Traktusstücken der sozunennenden Schleifenfasern vermengt und nur schwer auf längere Strecken hin voneinander zu trennen sind.

Verfolgt man die im Traktus nach aussen liegenden Fasern gegen den inneren Kniehöcker zu, so gewahrt man, am besten bei starker Vergrösserung, wie diese Fasern verschieden weit nach rückwärts reichen. Eine grössere Anzahl derselben verschwindet ganz vorne in den vordersten Schichten des Kniehöckers. Man sieht die Einzelfaser dort, wo die Ganglienzellen beginnen, meist zwischen diesen ihr Mark verlieren; bei vielen von ihnen gelingt es noch auf kleine Strecken, ihren Achsencylinderfortsatz im Auge zu behalten. Es sind dies also Fasern, welche mit sozusagen kurzer Wurzel im vordersten Abschnitt des inneren Kniehöckers entspringen.

Andere Fasern dieser Gruppe lassen sich am äusseren Rande des Kniehöckers weiter verfolgen und senken sich erst später vom Rande her in die Kniehöckermasse, bei allmählicher Einbusse der Markhülle, ein. So kann man Einzelfasern verfolgen, welche bis gegen den hinteren Winkel des Kniehöckers ziehen und auf diesem Wege, bald da, bald dort, einzeln oder zu mehreren, in die Zellmasse des Kniehöckers abbiegen.

Mit diesen Fasern sind aber nicht allein die absteigenden

Teile der sogenannten Schleifenfasern vermengt, sondern auch
solche, welche weder der einen, noch der anderen Gruppe an-
zugehören scheinen. Es gelingt nämlich einzelne Fasern aus
dem Traktus dem äusseren Kniehöckerrande entlang, an dem
hinteren Winkel vorbei zu verfolgen; freilich nicht ununterbrochen, sondern stückweise, mit zu Hilfenahme der Untersuchung
von aufeinanderfolgenden Schnittserien. Die Vermutung lässt
sich nicht unterdrücken, dass es sich hier doch um Fasern
handeln dürfte, wenn auch um verschwindend wenige, welche
dem Traktus angehören, ohne aus den umliegenden bis nun bekannt gewordenen Ganglienkörpern zu entspringen. Sie würden
darnach nicht gerade durch das Ganglion hindurch treten, sondern eher an diesem vorbeiziehen. Es wird sich Gelegenheit
bieten, auf diese und ähnlich verlaufende Fasern bald bei Besprechung einer anderen Schnittführung zurückzukommen; dann
wird sich ihre Bedeutung etwas klarer darstellen lassen. An den
vorliegenden Schnitten wird ihr weiterer Verlauf gar nicht, auch
nicht vermutungsweise klar. Man kann eben nur sagen, dass
diese vereinzelten Fasern am hinteren Kniehöckerwinkel in etwas
von ihm abgebogener Richtung vorbeiziehen; sie hören aber
dort auch schon auf, da sie sich wahrscheinlich in eine andere
Ebene einsenken — ihr weiteres Schicksal bleibt sonach zunächst
unaufgeschlossen.

Bei Besprechung der Fasern, welche mit dem äusseren Kniehöcker in ursächliche Verbindung gebracht werden konnten,
wurde auch mit Bestimmtheit bewiesen, dass der äussere Kniehöcker die wirkliche Ursprungsstätte für alle diese Fasern ist
und es keine Fasern giebt, welche durch das Ganglion hindurch-
oder an demselben vorbeiziehen. Nicht dasselbe gilt für den
inneren Kniehöcker. Hier haben wir auch eine ansehnliche
Menge von Fasern kennen gelernt, welche bestimmt im Kniehöcker entspringen. Es waren dies Fasern mit kurzer Wurzel,
vorn am Ganglion und solche mit langer, am äusseren Rande.

Ausserdem aber fanden sich Fasern vor, von denen die Ursprungs-stätte noch unentdeckt geblieben und solche, die wohl am inneren Kniehöcker vorbeiziehen oder durch denselben hindurchtreten, ohne in ihm zu entspringen, für diese fand sich ein anderer grosser Ganglienkörper als Wurzelstätte.

Der innere Kniehöcker ist sonach für eine gewisse Anzahl von Traktusfasern nicht allein Ursprungsganglion, sondern auch in gewissem Sinne ein eingeschobenes Ganglion, was für den äusseren Kniehöcker schon von anderen irrtümlich behauptet worden war.

Es erübrigt nur noch festzustellen, mit was für einem Ganglien-zellenhaufen wir es im sogenannten ersten Felde der beschriebenen Schnitte zu thun haben, welchem Ganglion eigentlich die grosse Menge von Traktusfasern ihren Ursprung verdankt!

Schon früher ist auseinander gesetzt worden, dass die Schnitt-ebene, durch welche die in Frage stehenden Fasern und der dazu gehörige Ganglienkörper freigelegt wurden, so geführt war, dass sie zugleich durch Traktus, inneren Kniehöcker und Thalamus-körper ging. Es wurden durch diese Schnittführung zwei Hälften des Gehirnstückes erhalten, wovon die bedeutend grössere den Traktus, Kniehöcker und Thalamus enthielt. Dieses Stück kam zur Untersuchung, und in diesem Stücke zeigten alle der Schnitt-fläche parallel abgetragenen Schnitte, sofern sie noch Längsan-teile des Traktus enthielten, Durchschnitte jenes Ganglienkörpers und die aus ihm entspringenden und in den Traktus einstrahlen-den Faserzüge. Die Ausdehnung des Durchschnittes des Ganglions nimmt aber, wenn auch wenig, so doch stetig ab. In den letzten Schnitten, welche noch Traktusanteile enthalten, ist der Quer-schnitt des Ganglions schon sehr klein geworden, er ist aber immer noch vorhanden und verschwindet erst vollständig, nach-dem schon in einigen Schnitten keine Traktusanteile mehr zu sehen waren.

Zerlegt man die andere, kleinere Hälfte des betreffenden

Gehirnstückes in fortlaufende Serienschnitte, so trifft man wiederum Durchschnitte des Ganglienzellenhaufens mit nach verschiedenen Richtungen gehenden, aber spärlicheren Faserzügen. Die Durchschnitte des Ganglions werden aber nicht kleiner, sondern sie nehmen bis zu einer gewissen Grenze an Ausdehnung zu, um dann wieder allmählich abzunehmen. Die Form des Durchschnittes bleibt in allen Schnitten so ziemlich dieselbe, etwa wie ein Ellipsoid. Zerlegt man ein ungeteiltes Gehirnstück senkrecht darauf in Schnitte, so bekömmt man wiederum Durchschnitte des Ganglienkörpers, auch von ellipsoider Form, jedoch länglicher und zugleich bei weitem schmäler, zum Querschnitt des Traktus etwas schräg gelegen. Kombiniert man die Quer-, Längs- und Schrägschnitte, so erhält man für das ganze Ganglion eine ansehnliche körperliche Ausdehnung, der Form nach am besten etwa mit einer ein wenig der Fläche nach gekrümmten Mandel zu vergleichen.

Es unterliegt keinem Zweifel, dass dieses Ganglion identisch ist mit dem von Luys (8) zuerst beschriebenen, aber durch andere Schnittführung aufgedeckten sogenannten Corpus Luys oder Bandelette accessoire de l'olive superieure; nach Stilling (3) Nucleus amygdaliformis; nach Henle (4) Corpus subthalamicum. Über die Lage dieses für den Ursprung des Sehnerven überaus wichtigen Ganglions finden sich bei allen Autoren ziemlich dieselben Angaben, wie sie schon der Entdecker des Kernes gegeben. Ich weiss nicht, ob man sich damit begnügt hat, das von Luys gesagte, kurzer Hand zu bestätigen, oder ob sich die daraufhin angestellten Untersuchungen der Autoren wirklich vollständig deckten. Wenn man bei Freilegung dieses Körpers und seiner unzweideutigen Optikusfasern so vorgeht, wie es in vorliegendem beschrieben wurde, dann muss es Einen wundern, wenn man diesen Körper nirgends mit dem Sehhügel selbst in Verbindung gebracht findet, und wenn die Sehnervenfasern, welche aus ihm in so grosser Menge entspringen, nicht vollends als Thalamus-

wurzel aufgefasst werden. Es ist ja richtig, dass der Hauptteil
des sogenannten Corpus Luys in einer Gehirnregion eingebettet
ist, die ausserhalb des Thalamus und zwar unter demselben
liegt. Sein von Henle eingeführter Name, Corpus subthalamicum, erscheint demnach gewiss gerechtfertigt. Es ist aber
andererseits nicht zu leugnen, dass dieser Ganglienkörper mit
seinem kleineren Teile in die eigentliche Substanz des Thalamus
hineinragt, thatsächlich dem Sehhügel angehört. Die Fasern,
welche von dieser Gegend des Ganglions in grosser Menge entspringen, treten alle in den Traktus ein; dieser bezieht ausserdem
keine anderen Fasern aus dem Corpus subthalamicum.

Aus diesen Gründen ist es gewiss gerechtfertigt, die Wurzel
nicht als Subthalamische, sondern in Wirklichkeit als echte
Thalamuswurzel zu betrachten und stets so zu benennen. Ihrer
Lage nach wäre sie die unterste, tiefste Thalamuswurzel. Dass
sie bisher nicht als solche gegolten, wundert mich. Stilling, der
zuletzt diese Gegend eingehender untersucht und diese Traktus-
wurzel zuerst genau, wenn auch nicht so vollständig beschrieben
hat, scheint nur einen Teil der Fasern gesehen zu haben und
zwar jenen, der dem Grosshirnschenkel näher liegt, demnach
den am tiefsten gelegenen, jenen, der von den Kniehöckern
am weitesten entfernt ist. Die von ihm beschriebene Wurzel
bildet „. . . . einen im Vergleich zu den übrigen centralen Wurzeln
sehr zurücktretenden, aber an und für sich nicht unbeträchtlichen
Zug, der etwa 7 mm, also in beträchtlicher Distanz von der
inneren Grenze des Corpus geniculatum laterale vom Stamme
abbiegend, fast genau horizontal durch den Grosshirnschenkelfuss, sich scharf von dessen quer und schräg durchschnittenen
Fasern abhebend, zu dem mandelförmigen Kern läuft . . . . .“
Auch ich habe diese Fasern gesehen und beschrieben, sie bilden
aber nur einen kleinen Teil des ganzen aus dem Corpus Luys
entspringenden Faserkomplexes. Der grössere Teil liegt über
dem Grosshirnschenkelfuss, durchsetzt seine Bündel nicht, liegt

beinahe auf seinem ganzen Verlaufe im Thalamus und entspringt
aus einem Theile des Corpus Luys, welcher in den Thalamus
hineinragt, also diesem beizurechnen ist. Am Corpus Luys selbst
konnte keine Grenze gesehen werden, die etwa die beiden Gang-
lienteile den subthalamischen und den thalamischen von einander
trennten; dieselben gehen ineinander über. Es wurde aber auch
nicht gesehen, dass Traktusfasern aus der subthalamischen
Gegend des Ganglions entsprängen; von dieser Partie gehen wohl
Fasern ab, sie haben aber mit dem Sehstiele nichts zu thun,
dieser bezieht seine Fasern nur aus dem Sehhügelteile des Ganglions. Die übrigen Fasern gehören dem Grosshirn an; ihre genauere Verfolgung hatten wir uns für diesmal nicht vorgesetzt.
Nach Stilling entspringen aus dem mandelförmigen Kern oder
treten, wie er sagt, zu ihm in Beziehung, Fasern vom Grosshirnschenkel, vom Grosshirn und Tractus opticus.

Die Beziehungen des Corpus Luys zu den übrigen nicht
zum Sehnerv gehörigen Fasern in vorliegender Arbeit zu un-
tersuchen und anatomisch festzustellen, lag nicht in meinem
Plane, es hätte mich zu weit abgeführt, auch stand mir nicht
das nötige Material zu Gebote. Ein kürzlich erhaltener Zuwachs
an embryonalen und anderen Gehirnen setzt mich in den Stand,
dies in nächster Zeit zu thun. Für heute sei die Thatsache festgestellt und durch die getreuen Abbildungen erhärtet, dass das
Corpus Luys eine ansehnliche, ich möchte fast sagen die an-
sehnlichste Wurzel zum Traktus opticus abgiebt. Sie kann
und sollte ihrer Lage, ihrem Ursprunge nach, als tiefste und
zugleich wichtigste Thalamuswurzel aufgefasst werden.

Es erübrigt noch festzustellen, dass diese tiefste Thalamuswurzel aus dem Corpus Luys wirklich Fasern enthält, welche
nicht nur in den Traktus eintreten, sondern auch darin verbleiben und mit ihm zum Chiasma ziehen. Ich hätte diesen
Beweis zu erbringen nicht für nötig gehalten, da es bei der

anatomischen Lage dieser Fasern, der Art ihres Ausstrahlens in ˙.
den Traktus und ihrem langen Verlaufe in demselben, kaum
anzunehmen war und ist, dass es sich nur um durch den Traktus
durchziehende fremde Fasern handle. Ich habe mich aber doch
der Mühe unterzogen und den Beweis erbracht, weil mir ge-
legentlich einer mündlichen Besprechung des eben beschriebenen
Befundes, von gewiss fachmännischer Seite die Frage gestellt
wurde, ob es sich hier nicht um eine Täuschung handeln mag
und Fasern für Sehnervenwurzelfasern gehalten wurden, welche
auf ihrem Wege nach einem anderen Bestimmungsorte, den
Traktus nur durchzögen.

Zu dem Ende wurde ein Traktus mit den anliegenden
Teilen des Thalamus, der subthalamischen Region und dem Traktus sonst noch, aussen oben anliegenden Gehirnpartie, in eine
lückenlose Serie von Querschnitten zerlegt. In jedem Schnitte
dieser beinahe endlosen Reihe war ein Querschnitt ˙des Traktus,
in einer grossen Anzahl von Schnitten waren Ganglienzellengruppen aus dem Corpus Luys und daraus entspringende, in
den Traktus ziehende, vereinzelte Faserzüge und Teile davon
deutlich zu sehen. In keinem einzigen Schnitt konnten Fasern
oder Faserteile gefunden werden, welche nach der entgegengesetzten Seite hin aus dem Traktus austreten würden.

In derselben Weise wurden vom Traktus noch schrägver-
laufende Längsschnitte angelegt, an denselben aber auch nichts
gefunden. Die früher angefertigten Serienschnitte des Traktus
und der angrenzenden Gehirnteile wurden auch noch daraufhin
gründlich, aber mit negativem Resultate untersucht.

Darnach steht die Thatsache unumstösslich fest, dass die
in grosser Menge aus dem so zu nennenden Thalamusteile
des Corpus Luys entspringenden Fasern, direkt, und auf Um-
wegen, durch und über das Corpus geniculatum mediale, in den
Traktus einstrahlen, und was zu beweisen war, in demselben

verbleiben und mit ihm dem Chiasma nervorum opticorum zustreben.

Bei den bisher geübten Schnittführungen war es nicht gelungen die Gegend der beiden Kniehöcker, des Pulvinar Thalami
und des Traktus zugleich blosszulegen. Dies erschien deswegen
erwünscht um allenfalls zwischen, über und unter den Kniehöckern in die Sehhügel verlaufende Fasern aufzudecken.
Es ist nicht schwer, die gewünschte Gegend in zusammen-
hängende Schnitte zu zerlegen, da man ganz gut durch einen
zur Horizontalen schräg gerichteten Schnitt alle vier Gebilde zugleich treffen kann. Um möglichst alle Fasern zu treffen, die
hier verlaufen könnten, wurde die Schnittserie von unten begonnen, so dass auch die oberflächlichen Schichten der Kniehöcker mit zur Untersuchung kamen. So günstige Bedingungen
die bis jetzt untersuchten Faserzüge für die klare bildliche Darstellung boten, so wenig ist dies für die nun zu besprechenden
Faserzüge der Fall. Es gelingt wohl dieselben sichtbar zu machen,
und durch Ergänzung der einzelnen Serienschnitte kann man
sich auch eine ziemlich klare Vorstellung von ihrem Verlaufe
und ihrer Menge machen; es gelingt aber nicht, auf einem
Schnitte ganze Faserzüge vom Traktus bis in die Wurzelgang-
liengruppe hinein klarzulegen, wenigstens nicht in befriedigender
Weise. In einigen Schnitten sieht man wohl einen annähernd vollständigen Faserzug; derselbe liefert aber keine richtige Vorstellung,
weil er, wie sich zeigen wird, nur kurze Fasern des Zuges betrifft.
Wenn Fasern nach verschiedenen Richtungen gekrümmt verlaufen, dann ist eben die Verfolgung derselben auf einem Schnitte,
und ihre übersichtliche Abbildung unmöglich; ihr Verlauf kann
nur durch Serienschnitte einigermassen, oft auch ganz genau
festgestellt werden. Zu dieser Untersuchung eignen sich übrigens
zunächst besser die entsprechenden Gehirnteile von überreifen
Früchten oder auch von mehrere Wochen alten Kindern. Da

man nicht die kompakten Faserzüge treffen kann, sondern meist nur Teile davon oder vereinzelte Fäserchen, so ist es vorteilhaft, sie in einem Stadium vollständigerer Markentwicklung zu unter- suchen, da sie sonst nur schwer wiedergefunden werden. Dies gilt übrigens nur für jene Faserzüge, welche isoliert verlaufen.

Betrachtet man aufmerksam die so gewonnene Serienschnitt- reihe, so findet man zweierlei Faserarten, welche bis jetzt noch nicht zur Darstellung gekommen waren. Die eine Faserart kann man am besten an den ersten oberflächlichen Schnitten sehen; auch die folgenden, sofern sie Teile des Pulvinar enthalten, lassen Fäserchen erkennen, welche dieser mehr oberflächlich verlaufen- den Faserart angehören. An manchen oberflächlichen Schnitten, welche Randstücke des Corpus geniculatum laterale und des Pul- vinar enthalten, sieht man von den Randteilen des Pulvinar demnach aus dessen Rindenschichten (Stratum zonale) in den verschiedensten Höhen Fasern und mehr noch Faserteile herab- ziehen und am Corpus geniculatum laterale vorbei in den Trak- tus, und zwar in die peripheren Schichten desselben einstrahlen. Die früher erwähnte schräge Schnittführung eignet sich ganz besonders gut zur Darstellung dieser Fasern, da man dadurch in vielen Schnitten Randteile vom Pulvinar zur Ansicht bekommt, die im Schrägschnitt kleine oder grössere Flächenpräparate des Stratum zonale des Pulvinar darstellen. Gerade an solchen Schnitten gewinnt man die Überzeugung, dass eine Anzahl der so verlaufenden Fäserchen hier endet, beziehentlich aus den in den Rindenschichten des Pulvinar zerstreut liegenden Ganglienzellen entspringt. — Es ist nicht leicht, sich davon ganz genau zu überzeugen, denn die Traktusfasern lösen sich zum Teil in ein regellos durcheinandergeworfenes, äusserst feines Fasergeflecht auf. An weniger entwickelten Gehirnen kann man aber infolge der deutlicheren Isolierung, doch mit Sicherheit Fäserchen zwischen die Zellengruppen eindringen sehen, und sogar an ihnen Achsen- cylinderfortsätze konstatieren. Einen sicheren Zusammenhang

von diesen mit Ganglienzellenfortsätzen konnte ich nicht, wie
früher in den Kniehöckern und im Corpus Luys, nachweisen.
Ich stehe aber dennoch nicht an, die Meinung auszusprechen,
dass Traktusfasern, wenn auch in geringer Menge, über die Oberfläche des Pulvinar zerstreut, in den Rindenschichten desselben
entspringen. Die Thatsache, dass die sonst vollständig mit Mark
versehenen Fasern, in unmittelbarer Nähe von Ganglienzellen
ein Stückchen nackten Achsencylinder erkennen lassen, ist für
mich nunmehr ein sicheres Zeichen von Nervenendigung, beziehentlich Nervenursprung.

Diese Fasern, deren Verlauf jenem für die sogenannte oberflächliche, äussere Thalamuswurzel entspricht, und auch von
Stilling (S. 54) genauer beschrieben wurde, haben nach diesem
Autor „.... mit den grauen Kernen auf der Oberfläche des Thalamus .... nichts zu schaffen .... Wohin sie laufen (central-
wärts) ist vorerst nicht zu enträtseln, da sie sich mit Fasern ver-
mischen, die von vorn und seitlich herkommen und so fein
werden, dass ihre Verfolgung unmöglich wird. Über ein etwaiges
Zellgebiet lässt sich nicht einmal eine entfernte Vermutung
fassen ...." Während sich unsere Angaben über den Verlauf
dieser Fasern ziemlich decken, sind wir über den Ursprung derselben, darnach entgegengesetzter Meinung. Es ist dies wohl
begreiflich. Man kann sich von den Ursprüngen der Fasern
im Stratum zonale nur an jugendlichen Gehirnen, welche in der
beschriebenen Art zerlegt werden, überzeugen. An Schnitten
von Gehirnen Erwachsener, oder gar an gefaserten Präparaten
ist dies geradezu unmöglich. Hat man nur solche untersucht,
dann kann man sich auch nur Stillings Meinung zugesellen. Ich
habe selbst im Verlaufe meiner langdauernden Untersuchung
derselben gehuldigt, bis ich an den erst in letzter Zeit gewonnenen Präparaten Gelegenheit hatte, mich vom Gegenteile zu
überzeugen.

Es begehen aber vom Traktus aus noch andere Fasern denselben Weg, ohne dass diese mit den eben beschriebenen irgend etwas gemein hätten. Sie liegen im Traktus sowohl, als auch im Pulvinar zu äusserst, und können noch am ehesten auf einem und demselben Schnitte weithin, oder doch weiterhin verfolgt werden. Wenn man eine Reihe von ähnlichen Objekten in derselben Weise untersucht hat, sich mit dieser Gegend einigermassen vertraut gemacht hat, so gelingt es unschwer, diese Fasern immer wieder aus dem Gewirre herauszusehen. Sie haben einen mehr gestreckten Lauf, beteiligen sich nicht an dem Geflechte, sondern laufen durch, und sind besonders dort, wo die anderen Fasern ihr Geflecht eingehen, und ihre Markhülle einbüssen, von entschieden mächtigerem Baue, sie sehen etwas dunkler und hier auch etwas dicker aus. Näher am Traktus ist dieser Unterschied nicht kenntlich.

Von diesen Fasern könnte man eher mit Stilling sagen: „. . . . Wohin sie laufen, ist vorerst nicht zu enträtseln. . . . . Über ein etwaiges Zellgebiet lässt sich nicht einmal eine entfernte Vermutung fassen . . . . . ."

Die Menge dieser Fasern ist nicht grösser und wohl auch nicht geringer als die jener, für welche die Rindenschicht des Pulvinar als Ursprungsstätte angenommen wurde. Wenn sich auch für diese zweite Fasergruppe kein Zellgebiet auffinden liess und daher auch nicht gesagt werden kann, wohin sie laufen, so kann doch mit Bestimmtheit behauptet werden, dass diese Fasern weder im Thalamus noch in angrenzenden, Ganglienzellenhaufen führenden Gehirnteilen, ihren Ursprung nehmen. Da ich mir in dieser Arbeit vorgesetzt hatte, die Sehnervenfasern bloss bezüglich ihrer centralen Stammganglien, so weit möglich, zu studieren, so konnte ich mich nicht darauf einlassen, besagte Fasern über die mir gesetzte Grenze hinaus zu verfolgen; die ohnehin ausgedehnte Arbeit hätte allzugrosse Dimensionen angenommen. Ausserdem hatte ich schon bei Beginn dieser Untersuchung den Plan gefasst, in einer folgenden, das Schicksal der Sehnerven-

fasern jenseits der Stammganglien, die Verbindung dieser mit
der Gehirnrinde in derselben Weise genauer zu erforschen. Ich
hoffe diesen Plan demnächst zur Ausführung bringen zu können.
Trotzdem möchte ich heute schon eine Vermutung aussprechen,
welche auch nur als solche aufgefasst werden soll.

Könnte man nicht annehmen, dass diese Fasern des Traktus,
für welche in den vorhandenen Sehnervenganglien keine Ursprungsstätte gefunden werden kann, und die den Eindruck
machen als zögen sie nach entfernter gelegenen Bezirken, überhaupt keine im gewöhnlichen Sinne des Wortes central entspringende Sehnervenfasern sind, sondern dass sie nach Art von
Kommissurenfasern die Sehnervenendzellen der Netzhaut mit den
Zellen in der Gehirnrinde verbinden? Sie wären dann allenfalls
zu vergleichen mit den kommissurenartig verlaufenden Fasern
des Balkens. Wenn auch die bis jetzt dafür gewonnenen Thatsachen diese Annahme keineswegs vollkommen rechtfertigen, so
wird dieselbe doch nicht als eine ganz willkürliche, sondern als
eine in manchen Punkten anatomisch gerechtfertigte aufgefasst
werden können. Auf die physiologische Bedeutung so verlaufender
Fasern und auf die physiologische Berechtigung einer solchen
Annahme an diesem Orte einzugehen ist nicht meine Absicht.

Der Sehhügel liefert endlich noch eine Fasergruppe, welche
auch bei derselben Schnittführung, zum Teil wenigstens, darge-
stellt werden kann.

An den Schnitten, welche aus tieferen Thalamusteilen stammen,
aber immer noch Teile der Kniehöcker mitenthalten, sieht man
schon bei schwacher Vergrösserung Faserbündel in den Traktus
eintreten, welche aus dem Innern des Thalamus herkommend,
unter dem inneren und äusseren Kniehöcker in etwas bogenförmigen Laufe vorüberziehen. An Serienschnitten kann man
sich überzeugen, wie diese Faserzüge unter und zwischen den
Kniehöckern in die graue Substanz des Sehhügels einstrahlen.
Die Faserzüge sind auf den einzelnen Schnitten nicht in continuo

verfolgbar, denn sie verlaufen in doppelter Hinsicht bogenförmig.
gekrümmt. In der Nähe des Traktus ist aber an manchen
Schnitten das Faserbündel kompakt sichtbar. An jugendlichen
Individuen gelingt es sogar aus diesen Bündeln heraus, Einzelfasern bei starker Vergrösserung zu verfolgen (Zeiss. Ob. F. Ok. 3)
und sich davon zu überzeugen, dass dieselben von Ganglienzellen
aus der grauen Substanz des Sehhügels entspringen. Diese wichtige Thatsache ist, wenn auch nur vereinzelt festzustellen, doch
ausschlaggebend für den ganzen Faserkomplex, umsomehr man
an anderen Schnitten der Serie, an Stellen, welche vom Traktus
weiter ab liegen, Faserstücke findet, welche auch mit Ganglienzellen der grauen Substanz des Thalamus in Beziehung zu treten
scheinen. Diese weiter ab liegenden Faserteilchen lassen sich
an ihrer Richtung durch die aufeinanderfolgenden Schnitte bestimmt als zum Traktus gehörige Fasern erkennen.

Aus diesen Befunden lässt sich noch die Thatsache verzeichnen, dass die Fasern der tiefen Thalamuswurzel verschieden
lang sind. Die kurzen, den Kniehöckern näher, ganz besonders
in der Einkerbung der Kniehöcker gelegenen, waren es, welche
vom Traktus bis zu ihrer Wurzelstätte im Thalamus verfolgt
werden konnten. Diese Fasern liegen aber nicht so beisammen,
dass man sie gesondert als tiefe kurze Thalamuswurzel auffassen
und von der tiefen langen Wurzel trennen sollte. Das würde die
Einteilung nur komplizieren. Es ist besser und gewiss auch
richtiger nur zwischen kurz und lang entspringenden Fasern der
in ihrer Gesamtheit schon von den meisten Autoren anerkannten
tiefen Thalamuswurzel des Sehnerven zu unterscheiden.

Was die Entwickelung der Markhülle all' dieser Faserzüge
anlangt, so fällt es einigermassen schwer ein vollständiges Bild
derselben zu entwerfen, weil nicht alle Fasern an gleichalterigen
Individuen verglichen werden konnten. Es liessen sich dennoch

die Hauptzeitabschnitte feststellen, ebenso dass die einzelnen
Faserzüge welche an gleichwertigen Stellen entspringen sich auch
gleichzeitig mit Mark umgeben. Ferner konnte man wiederum
Thatsachen erbringen, die mehr bei der Beurteilung der zeitlichen
Markbildung im allgemeinen, in Betracht kommen. Neue Belege
wurden gesammelt für unsere Ansicht, dass das Mark sich in
der betreffenden Bahn in der bestimmten, beschriebenen Weise
allmählich vom Centrum gegen die Peripherie hin entwickelt. —
An 14—16 Wochen alten Embryonen ist an der Faserstrahlung aus dem Corpus Luys nichts von Mark zu sehen.
Die Faserzüge selbst sind jedoch wieder zu erkennen, freilich
auch nur bei stärkerer Vergrösserung, als zarte hellglänzende,
in derselben Weise wie später die Markfasern verlaufende, nackte
Achsencylinder. Wenn auch an ein Verfolgen der einzelnen
Fasern in diesem Entwickelungszustand nicht zu denken ist,
so kann man doch auch schon hier sehen, wie die in flachen
Bogen herabziehenden Züge nackter Achsencylinder in den
ebenso beschaffenen marklosen Traktus einstrahlen.

Auch die übrigen Faserzüge aus dem Corpus Luys, welche
über dem Knichöcker verlaufen, die eigentlichen Knichöcker-
fasern und die oberflächliche und tiefe Sehhügelwurzel sind in
diesem Alter noch marklos.

Das nächst ältere Individuum, das zur Untersuchung kam,
etwa aus der 20.—22. Woche, zeigt schon andere Verhältnisse
und zwar ähnliche wie wir sie an der Wurzel aus dem
äusseren Knichöcker kennen gelernt haben. Nur die Untersuchung mit starker Vergrösserung lässt in derselben Weise die
ersten Anfänge der Markbildung erkennen. Deutlich sieht man
die dunkelen Anschwellungen und allmählichen Übergänge in
die wieder marklose Partie der Faser, in der Wurzel des Corpus
Luys und in den Fasern, welche direkt dem inneren Knichöcker
entstammen. An den bekannten Schrägschnitten ist auch in
der tiefen Thalamuswurzel beginnende Markbildung zu konsta-

tieren. Die aus dem Stratum zonale entspringenden Fasern sind
wegen ihrer vollständigen Marklosigkeit gar nicht wieder zu erkennen, man sieht nur ein schwach angedeutetes faseriges Gewebe, das stark mit Zellen durchsetzt ist, selbst die Züge der
nackten Achsencylinder sind äusserst schwer, nur bei starker
Vergrösserung, eben kenntlich. Dasselbe gilt von den oberflächlich am Kniehöcker entspringenden Fasern. Es hat darnach den Anschein, als bestände, an den oberflächlich und den
tief entspringenden Traktusfasern, ein zeitlicher, wenn auch geringer Unterschied in der Entwickelungsart der Markhülle.

An einem etwa 30 Wochen alten Fötus finden sich weit ent-
wickeltere Markhüllen; es sind wiederum die tiefen Wurzeln und
in erster Linie die Faserstrahlung aus dem Corpus Luys und dann
die tiefe Thalamuswurzel, welche eine ganz deutliche Markhülle
an den Einzelfasern aufweisen. Dieselbe ist aber keineswegs vollkommen. Man sieht auch hier in den einzelnen Bündeln noch
viele Fasern, die beinahe, oder gar vollständig marklos sind; an
anderen Fasern sieht man dies nur an Teilen derselben. Bei
starker Vergrösserung erkennt man die oft erwähnten Anschwellungen im Verlaufe der Markfaser und die Verminderung der
zelligen Gebilde. Die oberflächlich verlaufenden Fasern aus dem
Stratum zonale sind auch schon in deutlicher Markbildung begriffen, jedoch lange nicht in dem Maasse wie die Züge aus dem
Corpus Luys, sie erscheinen noch in dem Kleide der ersten Ent-
wicklungsstufe der Markbildung. Von den Fasern, welche an
den Sehhügeln von mehrwöchentlichen Kindern als weiter fort-
ziehende kommissurenartig verlaufende, beschrieben wurden, ist
nichts zu sehen, die Markbildung scheint an diesen noch gar
nicht im Gange zu sein; als nackte Achsencylinder sind sie aus
dem regellosen Fasergeflecht nicht erfindlich.

Einen weit schöneren Einblick in den Faserverlauf aller aus
den Centralganglien entspringenden Optikusfasern gewähren
Früchte aus der 34.—36. Woche.

Da sieht man schon bei schwacher Vergrösserung n u r vollständig mit Mark bekleidete Fasern aus dem Corpus Luys in den Traktus einstrahlen. Sie durchziehen in zierlicher Anordnung äusserst zart und dünn, vollkommen von einander isoliert, das gelblich gefärbte Mittelfeld, als deutlich blauschwarz gefärbte Fäserchen. Bei starker Vergrösserung erkennt man wohl noch Anschwellungen im Verlaufe der Fasern, dieselben sind aber nicht mehr so mächtig und viel seltener. Auch die Faserzüge am Kniehöcker zeigen dieselbe Entwickelung. Entschieden weniger vollkommen ist die Markentwicklung in den angrenzenden Traktusteilen; hier sind immer noch einzelne Fasern wenig oder gar nicht bekleidet, so dass man besonders bei starker Vergrösserung noch deutlich Züge von nackten Achsencylindern zu erkennen vermag. An den beiden Thalamuswurzeln sind die Unterschiede in der Entwickelung auch schon nahezu verstrichen, sie erscheinen mir aber beide nicht so gut entwickelt wie die Faserzüge aus dem Corpus Luys. Freilich konnten hiezu nur z w e i gleichaltrige Früchte verglichen werden. Es ist wohl nicht ohne weiteres zulässig daraus den Schluss auf Beständigkeit des Befundes zu ziehen, wenn es auch wahrscheinlich sein dürfte, dass die zweimalige Wiederkehr gleicher Unterschiede in der Entwickelung bestimmter Fasergattungen der Ausdruck eines beständigen und regelmässigen Befundes ist.

Von grossem Interesse scheint mir die Thatsache, dass die als Kommissurenfasern beschriebenen Züge (nur der Kürze halber, nicht als Ausdruck der feststehenden Thatsache, will ich diese Fasern so nennen) längs der Oberfläche des Sehhügelkörpers zu dieser Zeit noch immer nicht erkennbar sind. Deutlich sichtbar sind sie überhaupt erst am Gehirne mehrwöchentlicher Kinder, da erst sind sie als eigene Fasergattung charakterisiert. Es mag sein, dass die Anfänge der Markbildung viel früher eintreten als sie sichtbar werden; zu erkennen sind dieselben erst beim Neugeborenen, aber auch da nicht mit Bestimmtheit. Dass die

Markbildung nach erfolgter Geburt auch unreifer, lebensfähiger
Früchte rascher erfolgt, habe ich schon in der Bearbeitung des
Chiasma dargethan (5). Meine mikroskopischen Befunde deckten
sich in schönster Weise mit den makroskopischen Flechsig's (6);
seine Vermutung, dass das extrauterine Leben fördernd auf die
Markentwicklung einwirke, konnte zur Thatsache erhoben werden.
Es mag wohl sein, dass die in Rede stehenden Fasern bis zur
Geburt nur eine kaum erkennbare Markbekleidung besitzen,
dass diese in den ersten extrauterinen Lebenswochen zu rascherer
Entwickelung kommt und dass sie dann sogar kräftiger und
schwärzer aussehen, als die übrigen Faserzüge. Ich muss gestehen, dass die Sonderstellung dieser Faserzüge in Bezug auf
die Bildung der Markhülle auffallend und höchst interessant ist
und die früher ausgesprochene Vermutung, betreff ihres anatomischen Verlaufes und ihrer anatomischen und physiologischen
Bedeutung, gewiss nicht unhaltbarer macht. Man könnte eher
sagen, dass durch diese Thatsache der verspäteten Markbildung
ihre Sonderstellung ganz besonders ausgesprochen ist. Vielleicht
werden spätere Untersuchungen im stande sein, darüber mehr
Klarheit zu schaffen. — Vorerst möge nur der embryologisch-anatomische Befund zu dem bereits Erwiesenen hinzugefügt werden. —

An älteren Früchten als solchen aus der 34.—36. Woche
nimmt die Markbekleidung, wie schon für andere Wurzelbahnen
bemerkt wurde, an Mächtigkeit zu, bis sie beim mehrmonatlichen
Kinde die Höhe der Entwickelung erreicht hat.

So hat denn die Untersuchung der Gegend des inneren Kniehöckers, des Sehhügels und der angrenzenden Gebiete manche
wichtige Thatsache geliefert. Sie seien hier kurz zusammengefasst.

Der Sehstiel erhält einen geradezu mächtigen Faserzuwachs
aus einem Teile des sogenannten Corpus Luys. Der grössere

Teil zieht direkt in den Traktus ein, nachdem er in flachen Bogen das Zwischengebiet über dem Grosshirnschenkel durchlaufen hat. Der andere Teil der Faserzüge geht auf längerem Wege, durch den inneren Kniehöcker, über und um denselben, in den Traktus ein. Dieser Verlauf an der Oberfläche des Kniehöckers ist ein etwas verwickelter und ergiebt sich nur aus der aufmerksamen Untersuchung und Beurteilung der bestimmten Serienschnitte.

Ebenso wie aus dem äusseren, entspringen auch aus dem inneren Kniehöcker Traktusfasern, ganz vorne am Traktusanfang, mit sogenannter kurzer Wurzel, ohne jedoch bündelweise einzustrahlen. Sie entspringen und verlaufen einzeln.

Gleichfalls einzeln entspringende Fasern bezieht der Traktus aus der ganzen nach aussen gekehrten Fläche des Kniehöckers, bald mit kurzer, bald mit längerer Wurzel, je nachdem, ob die Faser aus Teilen die dem Traktus näher, oder weiter weg gelegen sind, herstammt.

Aus dem Thalamuskörper treten Fasern aus, welche wie schon bekannt war, in oberflächliche und tiefe geschieden werden.

Die tiefe Wurzel entspringt in der grauen Substanz des Sehhügels mit kurzen und langen Fasern, besonders an ersteren wurde der Zusammenhang mit Ganglienzellen des Sehhügels festgestellt; sie verlaufen unter und zwischen den Kniehöckern und sind an überreifen Früchten besser sichtbar.

Die oberflächliche Thalamuswurzel entspringt von den Ganglienzellen, welche in den Rindenschichten des Pulvinar zerstreut liegen (Stratum zonale). Sie sammeln sich daselbst aus einem äussert dichten und zugleich zarten Nervengeflecht; Fäserchen dieses Geflechtes sieht man mit Achsencylinderfortsätzen zwischen die Ganglienzellen eintreten.

In diesem Geflecht verlaufen Fasern, welche nicht mit ihm in Verbindung treten. Sie lassen sich bestimmt in den Traktus verfolgen; es kann jedoch nicht gesagt werden woher sie kommen;

sie entspringen nicht in den bekannten Stammganglien; sie sind
an ihrem etwas kräftigerem Bau und ihrem gestreckten Verlauf,
bei einiger Übung, zu erkennen. Auch in Bezug auf die Markentwickelung nehmen sie eine gesonderte Stellung ein. — Es
wurde die V e r m u t u n g ausgesprochen, ob es sich nicht etwa
um Optikusfasern handle, welche Sehzellen der Netzhaut mit
Zellen der Gehirnrinde direkt verbinden. Sie wurden mit den
Kommissurenfasern des Balkens verglichen. Ihre eventuelle
physiologische Bedeutung wurde hier vorerst nicht besprochen.

An Gehirnen aus der 14.—16. intrauterinen Lebenswoche
weisen all diese Faserzüge noch kein Mark auf. Zuerst wird
sie in der bekannten Weise an 20—22 Wochen alten Individuen
kenntlich, am besten in der Strahlung aus dem Corpus Luys,
dann an den Kniehöckerfasern und an der tiefen Thalamuswurzel;
g a r n i c h t an den Fasern des Stratum zonale.

Während am 30 Wochen alten Fötus die genannten Wurzelfasern schon deutliche Markbildung aufweisen, zeigen sich die
Fasern des Stratum zonale in noch anfänglichem Entwickelungs-
stadium. Die sogenannten Kommissurenfasern sind noch gar
nicht zu sehen.

Die 34.—36. Woche bringt nahezu volle Entwickelung des
Markes an allen Faserzügen; am deutlichsten an den Fasern des
Corpus Luys. Immer noch marklos erscheinen die oberflächlich
verlaufenden Kommissurenfasern. Deutlich kenntlich sind diese
Fasern überhaupt erst in Gehirnen mehrwöchentlicher Kinder.

Vierhügelgegend.

Die Erforschung der Fasern des Traktus beziehentlich Optikus, welche in der Gegend der Vierhügel entspringen mögen, bot die grössten Schwierigkeiten.

Schon die äussere Form dieses Bezirkes liess vermuten, dass die Methode der Serienschnitte und die Verfolgung der sich entwickelnden Markhülle auf grosse technische Schwierigkeiten stossen wird; Schwierigkeiten, welche zum Teil gar nicht überwunden werden können. Die Fasern dieser Gegend verlaufen nur in der Nähe des Traktus in einer sich ziemlich gleichbleibenden Ebene, um dann die verschiedensten Richtungen einzugehen. Dadurch wird die Darstellung bestimmter Faserzüge vom Traktus bis zu ihrer Urspungsstätte zur Unmöglichkeit. Aber auch die Kombination der Serienschnitte liefert nicht dieselben befriedigenden und überzeugenden Resultate wie bisher. Trotz alledem ist es doch möglich geworden, auch für diese wichtige Gegend heute schon, manches, was andere Autoren gefunden, zu bestätigen, manches neu hinzuzufügen.

Es unterliegt übrigens gar keiner Frage, dass die Bedeutung der Vierhügel als Ursprungsstätte für Sehnervenfasern weit hinter jener der bisher besprochenen Kerne zurücktritt. Ein Blick auf die bis zu ihren Wurzeln zum ersten Male thatsächlich anatomisch verfolgten Fasermengen und die beiläufige Abschätzung ihrer Stärke wird es nicht unbegreiflich machen, wenn die Vierhügelgegend keine grosse Ausbeute gewährt. Ganz abgesehen von dem welligen Verlauf und der daraus erwachsenden Schwierigkeit Fasern ihrem ganzen Verlaufe nach zu verfolgen, ist zu bedenken, dass für diese Gegend überhaupt keine nennenswerte Fasermenge mehr übrig ist. Es ist sicher, dass die Bedeutung der Vierhügel als Ursprungsstätte gerade so sehr, oder noch mehr überschätzt wird, als der Sehhügel und die beiden Kniehöcker, als wahre Wurzelganglien unterschätzt werden.

Das Untersuchungsmaterial wurde auch bei Erforschung dieser Gegend so wie bei der vorhergehenden Gruppe zugeschnitten, nur mit dem Unterschiede, dass an dem Gehirnteile die ganze Vierhügelgegend belassen wurde; dafür verzichtete man auf einen grossen Teil des Thalamus, welcher ja im vorliegenden Falle gar nicht mehr in Betracht kam.

Überflüssiges wegzuschneiden ist ein guter technischer Behelf, denn allzu grosse Gehirnteile können nur schwer in vollständige, lückenlose Serienschnitte zerlegt werden. — Zunächst wurde eine schräghorizontale Schnittführung gewählt, wobei darauf Gewicht gelegt wurde, den Schnitt so zu führen, dass derselbe den Traktus in seinem zuhinterst gelegenen Teile und zugleich Vierhügelanteile traf. Man kann ganz gut den Schnitt durch eine geringe Senkung des Messers nach vorne, beziehentlich nach der Horizontalebene des vorderen Traktusstückes, so dirigieren, dass er zugleich durch Traktus und die entsprechenden Bindearme geht, vorerst durch das Brachium conjunctivum anticum, welches den Tractus opticus mit dem vorderen Vierhügel verbindet. An Gehirnen Erwachsener sieht man auch eine deutliche Teilung des Bindearms in einen oberflächlichen und einen tiefen Ast. An den Gehirnen unreifer und reifer Früchte ist diese Teilung nicht zu erkennen.

An den wie erwähnt gewonnenen Schnitten lassen sich Faserzüge erkennen, welche in nicht grosser Menge vom Traktus ausgehend, einerseits der Oberfläche des Vierhügels zustreben,

andererseits in die graue Substanz desselben eindringen. Von
den oberflächlich verlaufenden Fasern sieht man an diesen Schnitten
nicht viel, jedenfalls gelingt es nicht ganze Fasern auf lange
Strecken in continuo zu verfolgen. Man sieht immerhin Faserstücke, welche in ziemlich derselben Richtung verlaufend, an
der Oberfläche des Vierhügels sich in feines Fasergeflecht auflösen. Dieses Fasergeflecht lässt sich aber nur an schief zur
Oberfläche des Vierhügels angelegten Schnitten erkennen. Dieser
Faserverlauf hat einige Ähnlichkeit mit jenem, welcher aus dem
Stratum zonale des Sehhügels in den Traktus einstrahlt.

Wenn für jene Fasern sowohl der Eintritt in den Sehstiel,
als der Ursprung aus den Ganglienzellen der Rindenschicht des
Thalamus festgestellt wurde, dieselben demnach anatomisch bestimmt für Wurzelfasern des Optikus angesehen werden konnten,
so ist dies für die eben beschriebenen, oberflächlichen Vierhügel-
fasern nicht der Fall.

Es ist gewiss schwerwiegend, wenn bei vielen diesbezüglich
untersuchten Gehirnteilen niemals an den auf der Oberfläche des
Vierhügels spärlich zerstreuten, sich durchkreuzenden Faserteilen
eine Verbindung mit Ganglienzellen gefunden wurde, ja sogar
vergebens nach Achsencylinderfortsätzen dieser markhaltigen
Faserteile gesucht wurde. Wenn bei aufmerksamer Durchsicht
lückenloser Serienschnitte, welche nach verschiedenen Richtungen
angelegt waren, weder Verbindungen mit Zellen noch Achsencylinderfortsätze angetroffen werden, dann hat man allen Grund
daran zu zweifeln, dass man es überhaupt mit einer Ursprungsstätte
von Fasern zu thun habe. Es muss demnach völlig unentschieden
bleiben, woher diese geringe Menge von Fasern kommt, und
welche Bedeutung ihnen beigemessen werden soll. Man kann
diesen Faserzug auch nicht als bestimmt dem Traktus angehörig
anerkennen, wenigstens nicht nach Durchmusterung der verschiedenen Schnittserien. Es hat wohl den Anschein als zögen
diese Fasern in den Traktus, sicher ist es aber nicht. Während

wir bis jetzt bei keinem Faserzug darüber im Unklaren waren,
ob er dem Traktus angehört oder nicht, lässt sich bei diesen
Fasern nur sagen, dass sie dem Traktus zustreben, nicht aber
dass sie in denselben einstrahlen. Die Vermutung, dass man
es hier mit Fasern zu thun habe, die nur der Gegend des Sehstieles und Vierhügels, nicht aber den beiden selbst angehören,
ist gewiss gerechtfertigt und durch weitere Untersuchungen
vielleicht auch zu erweisen.

An denselben Schnitten sind, wie schon erwähnt, Faserzüge
kenntlich, welche vom Traktus ausgehend den tieferen Schichten
der grauen Substanz des Vierhügels zustreben. An diesen Fasern
ist deutlich zu sehen, dass sie in den Traktus eintreten, jedoch
auch nur an aufeinanderfolgenden Schnitten aus derselben Serie,
denn sie liegen nicht alle in einer der Schnittrichtung parallelen
Ebene, sondern treten gleich am Traktusanfang nach verschiedenen Richtungen auseinander. Aus diesem Grunde lässt sich
auch der Verlauf dieser Fasern nicht durch eine mikroskopische
Zeichnung wiedergeben. Man kann an den Schnitten sicher nur
Faserteile verfolgen, welche aber alle derselben Richtung zustreben,
demnach als Züge von Faserteilen erkannt werden können, die alle
demselben Fasergebiet angehören. Kombiniert man diese Einzel-
befunde der ganzen Schnittserie, so erhält man einen Faserzug,
welcher vom Traktus aus in einem dem Brachium conjunctivum
entlang gehenden, etwas bogenförmigen Verlauf im oberen Teil
des vorderen Vierhügels eintritt, und sich dort in verschieden
hoch gelegenen Schichten, zwischen den kleinen Ganglienzellen
verliert. Die Fasern treten aber in diese Ganglienzellengegend
unter Beschreibung eines Bogens ein, so dass man an all' den
Schnitten an der Stelle, wo die längs getroffenen Faserteile in
die Zellgruppe einzutreten scheinen, Quer- und Schrägschnitte
der Fasern sieht. Dieser Thatsache ist es wohl zuzuschreiben,
dass es nicht gelingt, an so gewonnenen Serienschnitten mit
Sicherheit einen Zusammenhang zwischen Faserteilchen und

Zellen festzustellen. Darnach wäre auch für diese Fasern vorerst die Ursprungsstätte aus dem Vierhügel nicht erwiesen, wenn auch bstätigt werden konnte, dass es sich um wirkliche Traktusfasern handelt.

Um sich mehr Klarheit in die Art des Ursprungs dieser Fasern zu verschaffen, wurde die Gegend des vorderen Vierhügels und gerade jener Teil desselben, wo diese Quer- und Schrägschnitte der Fasern nebst Ganglienzellen gefunden worden waren, in Frontalschnitte zerlegt. Es wurde die äussere hintere konvexe Oberfläche des Vierhügels und des Bindearmes als Richtungsebene für die Schnittführung gewählt und von da ab, indem das Messer die grösste Konvexität des Vierhügels tangential berührte, dieser in Serienschnitte zerlegt. Auf diese Art gelang es, einen, wenn auch kleinen Teil der bogenförmig in die grauen Schichten des Vierhügels eintretenden Fasern so freizulegen, dass längere Teile derselben im Schnitte der Länge nach getroffen wurden. Unter diesen Umständen wird es nicht wundern können, wenn man nur in wenigen Schnitten vereinzelte Faserteile gewährt, an welchen die charakteristischen Merkmale des Ursprungsteiles einer markhaltigen Nervenfaser eben erkannt werden können. Die Fasern verlaufen zu regellos, als dass man bei der Serienschnittmethode mehr erwarten könnte; und doch stehe ich nicht an, diesen Fasern, mit einiger Wahrscheinlichkeit, die grauen schalenförmig angeordneten Schichten der vorderen Vierhügel, als Ursprungsstätte zuzusprechen. Hierfür kann die Thatsache genügen, dass aus dem Gewirre heraus Fasern, wenn auch nur zwei oder drei, erkannt werden können, welche Achsencylinderfortsätze zeigen. Ein sicherer Zusammenhang der Faser mit einem Ganglienzellenfortsatz selbst wurde nirgend gesehen, was in diesem Falle angesichts des verworrenen Durcheinanders der Faserteile erklärlich ist. Es wäre ein ganz besonderer Zufall, der unter Umständen, bei geduldigem fortgesetztem Suchen, vielleicht auch eintreffen könnte, wenn man bei den vorliegenden Verlaufs- und Verteilungsverhältnissen gerade solche Stellen im Schnitte treffen würde. Da muss man sich mit dem leichter Erreichbaren begnügen und den Achsencylinderfortsätzen jene Bedeutung zuschreiben, welche ihnen, besonders unter den obwaltenden Verhältnissen, zukömmt.

Was die Beurteilung der Menge der Fasern anlangt, welche sonach mit einiger Wahrscheinlichkeit aus den grauen Schichten des vorderen Vierhügels entspringt, so kann man wohl sagen, dass dieselbe sicherlich äusserst gering ist. Während die bis jetzt besprochenen Wurzeln und ganz besonders die aus dem Corpus Luys, aus dem äusseren Kniehöcker und die tiefe Thalamuswurzel, nach ihrer Mächtigkeit aufgeführt, ganz gehörige Fasermengen liefern, ist der Zuzug an Traktusfasern aus dem vorderen Vierhügel ein verschwindend kleiner.

Die Untersuchung der Gegend des hinteren Vierhügels, des zugehörigen Bindearms und Sehstielanteils, zeigt ähnliche Verhältnisse wie sie sich für die gleichwertige vorne gelegene Partie ergeben haben. Betrachtet man dieses Gebiet äusserlich am Gehirne eines Erwachsenen, so scheinen der Zusammenhang und die Zusammengehörigkeit der hinteren Vierhügel, des Bindearms, des Corpus geniculatum mediale und des Traktus ausser Zweifel. „Der hintere Vierhügel steht auch direkt durch das Corpus geniculatum mediale mit dem Tractus opticus in Verbindung — sagt Edinger (9) — es ist aber fraglich ob er Fasern enthält, die zum Sehacte selbst benutzt werden. Sein Arm stammt aus dem Corpus geniculatum mediale und aus einer Querkommissur (Gudden'sche), welche mit dem Tractus opticus zum hinteren Winkel des Chiasma gelangt." —

Die technischen Schwierigkeiten bei der Zerlegung dieser Gegend sind nicht minder gross, als die bei Bearbeitung der vorderen Vierhügel überwundenen. Es erschien auch hier am zweckmässigsten vorerst die Schnitte so anzulegen, dass Vierhügel,

Bindearm, innerer Kniehöcker und Traktus zugleich getroffen
wurden. Es ist nicht möglich bei dieser Schnittführung in alle
Schnitte Teile dieser Gebilde zu bekommen, denn dieselben sind
in einer nach hinten ganz schwach konvexen Linie angeordnet,
wobei der oberflächliche Ast des Bindearmes in die höchste
Konvexität fällt, während der unterste Teil des Vierhügels einerseits, und der Traktusanfang andererseits, am meisten nach vorne
liegen. So gering auch diese Abweichung von der geraden Linie
sein mag, sie genügt, um die Schnittführung zu erschweren und
die Abbildung der Faserzüge nach einem mikroskopischen Präparate unmöglich zu machen. In den Anfangsschnitten sind
keine Teile des Traktus enthalten, die tieferen eignen sich besser
zur Orientierung des Faserverlaufes. Aber auch an diesen
Schnitten sieht man nur Faserteile, welche erst durch Zusammen-
setzung der einzelnen Schnitte zu einem Faserzuge vereinigt
werden können.

Hauptsächlich an jenen Schnitten, welche kaum mehr in
das Bereich des Grosshirnschenkelfusses fallen, noch Teile
der oberflächlichsten, obersten Schichten des Corpus geniculatum mediale enthalten, sondern ganz in der grauen Substanz
des Vierhügels liegen, gewahrt man, in einiger Entfernung von
den Randteilen des Schnittes, also innerhalb der Substanz dieses
Gebildes, Faserteile, welche sich zu einem Zuge zusammen setzen
lassen, welcher vom Traktus über das Corpus geniculatum mediale, vermittels des tiefen Astes des Bindearmes, in die graue
Substanz des hinteren Vierhügels einstrahlt. An all' diesen
Schnitten lässt sich aber auch weiter nichts feststellen.

Will man sich davon überzeugen, dass diese Faserteile wirklich
dem Sehstiele angehören, dann müssen Schnitte in etwas anderer
Richtung angelegt werden. Es muss bloss der Traktusanfang
mit dem Bindearmstück bis zur Stelle der grössten Konvexität
in Schnitte zerlegt werden, welche parallel der Längsrichtung des
Traktus und dem ansteigenden Stücke des Bindearmes verlaufen.

An solchen Schnitten kann man sehen, dass wirklich Faserteile, welche der Gegend des Vierhügels zuzustreben scheinen, in den Traktus eintreten. Die Menge ist jedoch eine sehr geringe. Dass die Menge so gering erscheint, hat gewiss nicht seinen Grund darin, dass es nicht gelingt, den ganzen Faserzug, wie früher bei den anderen Wurzeln, in den Schnitten zu treffen. Man kann sicherlich ebenso gut und bestimmt an den Faserteilchen, welche aus der ganzen Schnittserie zusammengefasst werden, einen Eindruck bekommen, von der Menge der Fasern, welche vom Vierhügel aus in den Traktus eingehen.

Um nun festzustellen, wie sich diese Fasern zur grauen Substanz des Vierhügels verhalten, wurden wiederum in verschiedener Richtung Schnitte geführt. Denn bei der ersten Schnittführung sah man auch nicht mehr als schon bei der Besprechung dieses Teiles im vorderen Vierhügel erwähnt worden ist. Auch hier erscheint der Ursprung dieser Fasern so zu erfolgen, dass dieselben einzeln, nach den verschiedensten Richtungen hin, aus der grauen Substanz des Vierhügels austreten und sich erst dann zu einem mehr oder weniger kompakten Zuge vereinigen. Der hintere Vierhügel mit dem angrenzenden Bindearmstück wurde daher erst in Stücke zerlegt, welche der Längsrichtung des Bindearmes und der des hinzugedachten Traktus parallel liefen, dann in solche, welche der Längsrichtung des Bindearms parallel, zur Längsrichtung des Traktus aber senkrecht verliefen und endlich in solche, welche der Längsrichtung des Traktus wohl parallel, zur Längsrichtung des Bindearmes hingegen senkrecht gerichtet waren.

Aus dieser grossen Menge von Serienschnitten ergab sich in derselben Weise wie beim vorderen Vierhügel, nur mit weit grösserer Wahrscheinlichkeit, die Thatsache, dass die Vierhügelwurzel, welche von den grauen Schichten des hinteren Vierhügels zum Traktus zieht, eine äusserst schwache ist, dass die

Fasern derselben aber alle in den Traktus einstrahlen und, dass
dieselben Fasern thatsächlich in den grauen Schichten des Hügels
ihren Ursprung finden dürften. Letzteres wurde, wie beim vorderen Vierhügel, daraus entnommen, dass man bei der verschiedenen Schnittführung auf markhaltige Fasern stiess, an welchen
Achsencylinderfortsätze zu erkennen waren. Die Menge solcher
Fortsätze war entschieden bedeutender, als in der vorderen
Vierhügelgegend. Ein eigentlicher Zusammenhang dieser Fasern
mit Ganglienzellen und ihren Protoplasmafortsätzen konnte nicht
festgestellt werden. Trotzdem ist auch der hintere Vierhügel
als Ursprungsstätte einer schwachen Sehnervenwurzel anzusehen.

Von anderen Faserzügen, welche bei der erwähnten mannig-
fachen Zerlegung des Vierhügels zur Ansicht kommen, sind auch
nur Faserteile zu erwähnen, welche gleich wie beim vorderen
Vierhügel in den oberen Schichten, im Stratum zonale, oder Tectum
cosp. quadrig. liegen. — Besonders an den Flächenschnitten des
Vierhügels erkennt man in den äussersten Schichten desselben ein
zartes Nervengeflecht. Vergleicht man diese Schnitte mit jenen,
welche gleichsinnig mit der Längsrichtung des Bindearms verlaufen, so scheint es wohl, als hätte man es auch hier, wie bei
dem vorderen Vierhügel, mit einer oberflächlichen Wurzel des
Sehnerven zu thun. Wie aber auch damals, weder der Ursprung
in einem Zellgebiet des Stratum zonale des Vierhügels, noch das
Einstrahlen der Fasern in den Traktus, mit Bestimmtheit anatomisch festgestellt werden konnte, so muss auch jetzt bei Besprechung derselben Fasern des hinteren Vierhügels diese wichtige
Frage noch offen gelassen werden. — An manchen Schnitten
fanden sich wohl Fasern, welche einen besonderen Verlauf einzuhalten schienen, Fasern, welche von der Traktusgegend kom-
mend in gestreckter Richtung über die Vierhügeloberfläche hinweg zogen; dieselben liessen sich aus dem Geflecht heraus verfolgen, ähnlich wie jene Fasern, welche bei der Untersuchung

des Stratum zonale Thalami, über den Bezirk dieses Gebildes
hinaus, verfolgt und vermutungsweise als Rindenfasern angesehen wurden. Ob es sich im Stratum zonale der Vierhügel wohl
auch um ähnlich verlaufende Fasern handeln mag? —

Was die Entwickelung der Markfasern im Vierhügelgebiet
anlangt, so lässt sich dieselbe im Anschlusse an die ausführliche
Besprechung der übrigen Wurzelgebiete kurz zusammenfassen,
ohne dass die einzelnen Präparate aus den verschiedenen Entwickelungsstadien erst noch ausführlicher besprochen werden.
Es wäre doch nur eine Wiederholung der schon genügend besprochenen mikroskopischen Entwickelungsvorgänge.

Auch dieses Gebiet ist an Gehirnen aus der 14.—16. intrauterinen Lebenswoche noch vollkommen marklos; die nackten
Achsencylinder sind infolge zerstreuter Anordnung der Faserteile
auf den Schnitten nur schwer zu erkennen.

An 20—22 Wochen alten Früchten findet man auch nur
bei starker Vergrösserung die allerersten Anfänge der Markbildung; jedoch ausschliesslich in den tiefen Faserzügen aus den
grauen Schichten der beiden Vierhügel. In den oberflächlichen
Lagen ist auch in der Vierhügelgegend zu dieser Zeit keine Spur
von Markentwickelung sichtbar. Die 30.—32. Woche bringt auch
für die Fasern des Stratum zonale die ersten Anlagen des Markes
und lässt uns die Fasern der tieferen Schichten in ausgeprägterem
Markkleide erblicken.

Es scheint sonach, als könnte man für alle Gebiete der Sehnervenwurzeln als Regel aufstellen, dass die Markentwickelung an
den Fasern der tiefen Wurzeln derjenigen der oberflächlich verlaufenden Fasern voran ist und zwar im Durchschnitt um etwa
4—8 Wochen. Ganz genau lässt sich dies nicht angeben, da ja
die Entwickelungsstadien zwischen der 22. und 30. Woche nicht
für alle Gebiete zur Untersuchung kamen. Dazu kommt noch,

dass auch das Alter in diesen Entwickelungsstadien nicht immer ganz genau auf eine Woche bestimmt werden kann. Man muss endlich bedenken, dass die Beständigkeit der Wiederkehr von derartigen Befunden wahrscheinlich auch nur innerhalb bestimmter Grenzen anzunehmen ist. Nach alledem ist es wohl angezeigt, bei den verschiedenen, möglichen Fehlerquellen für die bisher mit solcher Beständigkeit gefundenen Thatsachen, in betreff der Markentwickelung, immerhin eine Variable von 2—3 Wochen in Rechnung zu ziehen.

Die 34.—36. Woche bringt auch für die Fasern des Vierhügelgebietes, wie für nahezu alle übrigen Faserzüge der Sehnervenwurzeln, volle Entwickelung des Markes. Nur jene Fasern des Stratum zonale, an welchen ein etwas gestreckterer Verlauf über die Vierhügelgegend hinaus erkannt wurde, sind an Individuen der genannten Entwickelungsstufe ebensowenig sichtbar, wie die ähnlich verlaufenden Fasern im Stratum zonale thalami Gleichaltriger! Der Frage, ob nicht auch diese Thatsache für die Gleichwertigkeit beider noch wenig definierter Faserzüge gelten kann; ob dadurch die Annahme einer Sonderstellung beider Faserzüge in anatomischer und physiologischer Hinsicht nicht besonders gerechtfertigt sei, mag durch spätere ausschliesslich daraufhin gerichtete Untersuchung näher getreten werden. —

Schlussbemerkungen.

Übersieht man die anatomischen Befunde, welche hier in diesen Blättern niedergelegt wurden, und vergleicht man untereinander und zugleich mit diesen die grosse Menge von Beobachtungen, anatomische und andere, welche in der überaus umfangreichen Litteratur verzeichnet sind, dann muss man wohl sagen, dass die langwierige Bearbeitung des embryologisch-anatomischen Materials gerechtfertigt war.

Es wurde manche allgemein angenommene Thatsache erst bestimmt anatomisch bewiesen, anderes, worüber man noch stritt, klargelegt und festgestellt, noch anderes wahrscheinlich gemacht. Es wurde aber ebenso sehr für manche anscheinend sicher feststehende, nach anderen Methoden gefundene Thatsache vergeblich nach einem anatomischen Nachweis in unserem Sinne gesucht, so dass, was Andere für bestehend angesehen, nach vorliegender Untersuchung gewiss nicht geleugnet, aber doch angezweifelt werden muss.

Aus der Durchsicht der umfangreichen Litteratur lernen wir nicht viel mehr, als schon Stilling bis zum Jahre 1882 in vortrefflicher und übersichtlicher Weise zusammengestellt hat. Die Arbeiten aus den späteren Jahren sind meist experimentelle, oder behandeln hauptsächlich pathologische Fälle. Da wir uns zur Aufgabe gestellt, bloss auf rein anatomischem Wege der Frage des Sehnervenursprungs näher zu treten, so sollen

die Arbeiten, in denen andere Wege eingeschlagen wurden, nur
der Vollständigkeit wegen später genannt werden.

Bestimmtere Angaben über die verschiedenen Ursprungsfasern des Sehnerven finden sich in der älteren Litteratur vielfach
zerstreut; sie reichen zurück in die zweite Hälfte des 17. und
erste Hälfte des 18. Jahrhunderts. So sprechen Willis (10)
und Santorini (11) von Ursprüngen des Sehnerven aus dem
Thalamus und zwar letzterer von solchen aus den tieferen Schichten desselben, desgleichen Zinn (12) und Vicq d'Azyz (19).
In Soemmerings (13) Hirnlehre finden sich zuerst genauere
Angaben darüber und über den Zusammenhang mit den Kniehöckern; nach ihm dringt der Sehstiel „. . . . . mit seinen Fasern
teils in die Gürtelschicht (Stratum zonale), teils in den übrigen
Sehhügel, teils in die beiden Kniehöcker und von da vielleicht
einerseits in die Haube und andererseits gegen die Vierhügel . . . ."
Desgleichen finden sich Angaben darüber und über Ursprünge
aus den Vierhügeln bei Stein 1834 (14), Treviranus 1835 (15),
Meyer 1794 (16) und Erdl 1843 (17). Eine eingehendere anatomische und mikroskopische Bearbeitung verdanken wir auch
J. Wagner 1862 (18). Er leugnet z. B. zuerst den Ursprung
des Sehnerven aus dem Vierhügel; er war ihm bei mikroskopischer Durchsicht von Schnittpräparaten nicht kenntlich geworden,
„. . . wiewohl er an einem Gehirne einen auf der einen Seite
starken, auf der anderen schwachen Streifen vom hinteren Brachium
conjunctivum direkt zu dem Teil des Tractus opticus verlaufen
sah, der aus dem medialen Corp. geniculatum entspringt. . . . ."
Ihm fehlte der mikroskopische Nachweis von Ursprungsfasern. Interessant ist Wagners Angabe über Sehnervenfasern, welche aus
gelblich pigmentierten Ganglienzellen ihren Ursprung nehmen
sollen, die in der grauen Substanz, zwischen Lamina perforata
anterior und Tuber cinereum zerstreut liegen. Meynert (2) ist
derselben Ansicht und fasst diese Ganglienzellengruppe unter
dem Namen basales Optikusganglion zusammen; er meint,

dass aus diesen Zellen Fasern entspringen, welche ungekreuzt zum gleichsinnigen Sehnerven verlaufen. Ich erwähne diese Ganglienzellen hier besonders, weil ich ihnen schon einmal, bei Bearbeitung des Chiasma, begegnet bin, ohne Meynert's Angabe bestätigen zu können. Dieses Mal wurde dieselbe Gegend ebenfalls genauer untersucht und die Ganglienzellen auch wieder angetroffen; es ist aber niemals gelungen, Fasern des Traktus zu erkennen, welche mit diesen Ganglien in Verbindung ständen. Es will mir doch fast scheinen, als hätte man es hier nicht so sehr mit einem Optikusganglion zu thun, sondern als gehörten diese Ganglien ganz anderen Faserbezirken an.

Auch Arnold (1), Mekel (20), Reil (21) und Andere beschreiben mehr oder weniger eingehend Faserzüge aus dem Polster des Sehhügels und aus den Vierhügeln. So sagt Arnold „..... aus dem Sehhügel kommt eine ansehnliche breite und platte Schichte von oberflächlich und tief entspringenden Fasern, welche sich bogenförmig nach unten und vorn wenden und die durch Fasern aus dem hinteren Vierhügelarm verstärkt werden. . . . . .“ Auch Meynert (2) spricht sich für eine oberflächliche und tiefliegende Thalamuswurzel aus.

Die Arbeiten bis zur Mitte unseres Jahrhunderts wurden beinahe alle mit Hilfe des Messers und der Pinzette vollführt, es war dies die Methode der Faserung entsprechend gehärteter Gehirne, die anatomische Zergliederung. Erst in den vierziger Jahren kam durch B. Stilling (22) die Methode der Untersuchung von Gehirn- beziehentlich Rückenmarkschnitten zur Geltung und was das wichtigste daran war, Stilling lehrte die gewonnenen Schnitte serienweise aneinander zu reihen und so die Nervenbahnen im Centralnervensystem zu durchforschen. Dieser Methode und den dazu konstruierten Schneidevorrichtungen verdanken wir die Arbeiten eines Meynert, Henle, Wernicke (23), Schwalbe (24), Forel (25), Huguenin (26), Schnopfhagen (27) und nicht zuletzt eines Gudden (28), durch welchen das Tierexperiment

mit so grossem Vorteile in die Untersuchungsmethoden einge-
führt wurde. Von welch' grosser Bedeutung die ausgezeichnete
Färbungsmethode Weigerts für die Erforschung des Central-
nervensystems geworden, ist auch durch diese Arbeit hinlänglich bewiesen worden.

Trotz alledem sind die Angaben über die Ursprünge des
Sehnerven immer noch unklare geblieben, und was besonders
hervorgehoben werden muss, es war für keinen Faserzug, durch
Verfolgung der Einzelfaser zu ihrem Ursprunge, die Wurzelstätte
auch anatomisch, d. h. mikroskopisch festgestellt. . . . . . „Wie
wenig noch die Lehre von den primären Centren des Optikus
. . . . sagt Schwalbe 1881. . . . zu einem befriedigenden Ab-
schluss gebracht ist, beweisen die zerstreuten, zum Teil einander
widersprechenden Angaben über anderweitige accessorische Ursprungsganglien . . . . . ." Nicht allein die widersprechenden
Angaben über accessorische Ursprungsganglien beweisen dies,
sondern auch die Angaben über die Hauptfaserzüge und Haupt-
ganglien. Dies zeigt sich hinlänglich, wenn man die Beschreibun-
gen über die Sehnervenursprünge bei Schwalbe, Stilling,
Henle und Meynert nachliest und damit noch die auf ex-
perimentellem Wege von Gudden, Ganser und Monakow (30) gewonnenen Resultate vergleicht, welche sich auch
nicht immer mit den Sektionsbefunden von Türk (29), Monakow (30) und Anderen decken.

Wenn auch durch die vorliegende Untersuchung nicht alle
Zweifel behoben sind und noch manches unerwiesen, zweifelhaft
und angezweifelt bleibt, so ist doch mancher Faserzug, dessen
Existenz man anzunehmen gewohnt war, erst im eigentlichen
Sinne des Anatomen bewiesen, und sein Ursprung unumstöss-
lich festgestellt worden.

So steht es denn fest, dass das Corpus geniculatum laterale
nur ein wahres Ursprungsganglion des Sehnerven ist und nicht
mehr als eingeschobenes Ganglion betrachtet werden soll. Gleich-

falls ist der innere Kniehöcker Ursprungsganglion, liefert aber auch Fasern, die über, um und durch ihn ziehend, in einem Teile (Thalamisches Ende) des Corpus Luys thatsächlich entspringen. Die von Stilling zuerst erforschte aus dem Mandelkern (Corpus Luys) entspringende Sehnervenwurzel ist in bisher nicht gekannter Weise verfolgt und abgebildet worden. Mag sie als subthalamische oder mit uns als tiefste Sehhügelwurzel aufgeführt werden, jedenfalls steht es fest, dass sie einen ganz bedeutenden, wenn nicht gar den bedeutendsten Faserzug dem Sehnerven zuführt.

Ausserdem wurde mit beinahe derselben Sicherheit die oberflächliche und tiefe Wurzel des Sehhügels erwiesen, und in letzterer lange und kurze Fasern verfolgt. Im Stratum zonale des Sehhügels und vielleicht auch des Vierhügels wurden Fasern erkannt, von denen man sagen konnte, dass sie sich von allen übrigen nach ihrem Verlaufe und ihrer Markbildung unterscheiden. Ob die ausgesprochene Vermutung über ihre Bedeutung auch nur eine solche bleiben soll, müssen weitere spezielle Untersuchungen lehren.

Die Befunde aus der Vierhügelgegend konnten nur mit grösster Wahrscheinlichkeit, nicht wie die vorhergehenden mit Sicherheit, angenommen werden. Die oberflächlich verlaufenden Vierhügelwurzeln des Sehnerven sind nicht erwiesen und könnten wohl ohne weiteres geleugnet werden. Am wahrscheinlichsten bleibt die tiefe Wurzel aus dem hinteren Vierhügel, nur wahrscheinlich die aus dem vorderen Hügel.

Die Existenz eines basalen Optikusganglion im Sinne Meynert's konnte nicht nachgewiesen werden, es wurde vielmehr die Ansicht ausgesprochen, dass die so genannten Ganglien ganz anderen Faserbezirken angehören dürften.

Über die übrigen accessorischen Faserzüge des Sehnerven, welche hauptsächlich von Stilling (3) (Kap. 9) beschrieben und vertheidigt werden, über die sogen. Radix descendens, den Ursprung aus dem Oculomotoriuskern und dem Crus

cerebelli ad corpora quadrigemina wurde bisher nichts
gesagt. Es geschah dies deswegen, weil es nicht gelungen war,
irgendwelche sichere Belege für die Existenz dieser Faserzüge zu
erbringen. Dass der Sehnerv mit dem Oculomotoriuskern verbunden sei, ist mir davon allein wahrscheinlich geworden. Ich
bin aber, wenn ich so sagen darf, nur für mich von der Wahrscheinlichkeit dieser Verbindung überzeugt. Die gewonnenen
mikroskopischen Belege sind noch nicht einwurfsfrei genug, um
die Existenz dieses physiologisch gewiss wichtigen und, ich möchte
sagen, notwendigen Faserzuges zu beweisen. Ich habe es daher
vorgezogen, in diese Frage vorerst nicht weiter einzugehen.

Was die noch übrigen beiden Wurzeln, die Radix descendens
Stillings (2) (Kap. 9) und die des Crus cerebelli ad corpora
quadrigemina anlangt, so konnte ich mich nicht einmal persön-
lich von der Wahrscheinlichkeit ihrer Existenz überzeugen. Diese
beiden Wurzeln und besonders die Radix descendens rundweg
zu leugnen, liegt mir dennoch ferne, der Umstand, dass Stilling
dieselbe ausführlich beschreibt und ihre Existenz feststellt, hindert
mich daran; ich kann nur sagen, dass ich sie trotz eifrigen
Suchens nicht gefunden! —

Es wird an Untersuchern nicht fehlen. Es werden sicherlich auch diese Fragen dereinst bestimmt beantwortet werden.
Für heute begnüge ich mich mit dem, was ich aus dieser mühe-
vollen Untersuchung gelernt habe. Mit der Befriedigung des-
jenigen, der die Überzeugung gewonnen hat, eine schwierige
Arbeit vorurteilsfrei begonnen und vollendet zu haben, übergab
ich diese Blätter den Fachgenossen. Sie mögen das Wenige,
das sie darin gefunden, wohlwollend als anatomische Thatsachen
aufnehmen.

Heidelberg, 1. Mai 1891.

Litteratur.

1. ARNOLD, J. — 1. Tabulae anatomicae. Zürich. 1839.
   2. Handbuch der Anatomie des Menschen. Freiburg. 1851.

2. MEYNERT — Vom Gehirne der Säugethiere. Stricker's Handbuch der Lehre von den Geweben. 2. Bd., S. 694—808.

3. STILLING, J. — Untersuchungen über den Bau der optischen Centralorgane. 1882.

4. HENLE — Handbuch der Nervenlehre des Menschen. 2. Aufl. 1879.

5. BERNHEIMER, ST. — Über die Entwickelung und den Verlauf der Markfasern im Chiasma nervorum opticorum des Menschen. Bergmann. 1889. — Arch. f. Augenhlk. Bd. XX. 1.

6. FLECHSIG, P. — Die Leitungsbahnen im Gehirn und Rückenmark des Menschen. Leipzig. 1876.

7. JASTROVITZ — Studien über Encephalitis und Myelitis im ersten Kindesalter. Archiv f. Psych. Bd. II, 2. Bd. III, 1.

8. LUYS, J. — 1. Recherches sur le système nerveux cérébro-spinal. Paris. 1865.
   2. Iconographie photographique des centres nerveux. Paris. 1872.

9. EDINGER, L. — Über den Bau der nervösen Centralorgane. 2. Aufl. Leipzig.

10. WILLIS, Th. — Cerebri anatome. London. 1664.

11. SANTORINI — Observationes anatomicae. Venedig. 1724.

12. ZINN — Descriptio anatomica oculi humani. Göttingen. 1755.

13. SOEMMERING - VALENTIN — Hirn- und Nervenlehre. 1841.

14. STEIN — De thalamo optico et origine nervi optici. Haomae. 1834.

15. TREVIRANUS — Erörterungen und Gesetze des organischen Lebens. 1835.

16. MEYER — Beschreibung des ganzen menschlichen Körpers. Berlin. 1794.

17. ERDL — Neue med.-chir. Zeitung. 1843.

18. WAGNER, J. — Über den Ursprung der menschl. Sehnervenfasern im Gehirn. Dorpat. 1863. (Diss.)

19. VICQ D'AZYZ — 1. Traité d'anatomie. Paris. 1786—90.

2. Recherches sur la structure du cerveau. Paris. 1781—83.

20. MECKEL — Anatomie des Menschen.

21. REIL — Archiv von Reil und Authenrieth. 1807. Bd. VIII, IX . . .

22. STILLING, B. — Über Medulla oblongata, Pons Varolii, Kleinhirn etc. 1843—1878.

23. WERNICKE — Lehrbuch der Gehirnkrankheiten. Bd. 1 u. 2. Kassel. 1881.

24. SCHWALBE — Lehrbuch der Neurologie. Erlangen. 1881.

25. FOREL — 1. Beiträge zur Kenntnis des Thalamus opticus. Sitzungsber. der Wien. kais. Akad. d. Wissensch. Bd. 66. Abt. III. 1872.

2. Untersuchungen über die Haubenregion. Arch. f. Psych. Bd. VII. 1877.

26. HUGUENIN — Beiträge zur Anatomie des Hirns. Arch. f. Psych. Bd. V. 1875.

27. SCHNOPFHAGEN, F. — Beiträge zur Anatomie des Sehhügels und dessen nächster Umgebung. Sitzungsber. d. kais. Akad. d. Wissenschaften. Wien. Bd. 76, III. 1877.

28. GUDDEN — 1. Experimentaluntersuchungen über das periph. u. centrale Nervensystem. Archiv f. Psychiatrie. Bd. II. 1870.

2. Bernh. v. Gudden's gesammelte und nachgelassene Abhandlungen. Bd. XX. Wiesbaden, Bergmann. 1889.

29. TÜRK — Über Compression und Ursprung der Sehnerven. Zeitschr. d. k. k. Ges. d. Ärzte in Wien. 1852. S. 299.

30. MONAKOW — 1. Experimentelle u. path.-anat. Untersuchungen über die Beziehungen der sog. Sehsphäre zu den infracorticalen Opticuscentren u. zum Nervus opticus. — Arch. f. Psych. Bd. XVI. 2. Neue Folge. Ebenda. Bd. XX.

31. BELLONCI, G. — Intorno al ganglio ottico degli atropodi superiori. Internat. Monatsschr. f. Anat. u. Phys. Bd. VI. S. 195.

32. TARTUFERI, F. — 1. Sull' anatomia micr. e sulla morfologia cellulare delle eminenze bigemine dell' uomo e degli altri mammiferi. — Gaz. med. Ital.-Lombarda. Serie VIII a. Tom. III. 1877.

2. Sull' anatomia minuta dell' eminenze bigemine anteriori delle scimmie. Rivista sperimentale di frenetria e med. legale. Anno V. 1879.

33. MEYNERT — Neue Untersuch. über Grosshirnganglien u. Gehirnstamm. — Anzeiger d. kais. Akad. d. Wissensch. Wien 1879. No. 18.

34. NOTHNAGEL — Topische Diagnostik der Gehirnkrankheiten. Berlin. 1879.

35. DARKSCHEWITSCH, L. — Über die sog. primären Opticuscentren und ihre Beziehung zur Grosshirnrinde. — Arch. f. Anat. u. Psych. 3 u. 4. 1886.

36. MARTIUS, Fr. — Die Methoden zur Erforschung des Fasernverlaufes im Central-nervensystem. — Volkmann, Klin. Vorträge No. 276.

37. MEYNERT — Demonstration sagittaler Hirnschnitte. — Tagebl. d. 59. Vers. deutsch. N. u. Ä. Berlin. 1886. S. 415.

38. FLECHSIG, P. — Zur Lehre vom centralen Verlauf der Sinnesnerven. Neur. Centralblatt No. 23, S. 545.

39. MARCHI — Sulla struttura dei corpi striati e dei talami ottici. Rivista sperim. di frenetria. XII, 4. 1887.

40. SENHOSSEK, M. — Beobacht. am Gehirn d. Menschen. Anat. Anzeiger. II. S. 450. 1887.

Tafel I.

Sagittalschnitt durch den äusseren Kniehöcker und den Sehstiel einer 36—38 Wochen alten Frucht.

Genaue Angabe der Schnittführung siehe S. 15.

Der obere freie Rand der Zeichnung entspricht der nach unten aussen gelegenen Kante des äusseren Kniehöckers.

Ob. T. F. = Oberflächliche, tangential verlaufende Fasern und Faserstücke am freien, äusseren Rande des Kniehöckers.

Str. v. F. = Strahlenförmig verlaufende Fasern. (In fächerförmigen Strahlenbündeln entspringende Wurzel.)

Ob. F. = Oberflächlich verlaufende Fasern.

Gglh. = Ganglienzellenhaufen.

Blg. D. = Durchschnitte von Blutgefässen.

C. g. ex. = Corpus geniculatum externum.

Tr. = Traktus.

Vergrösserung: Zeiss, Obj. a_3 — Ok. 2.

———

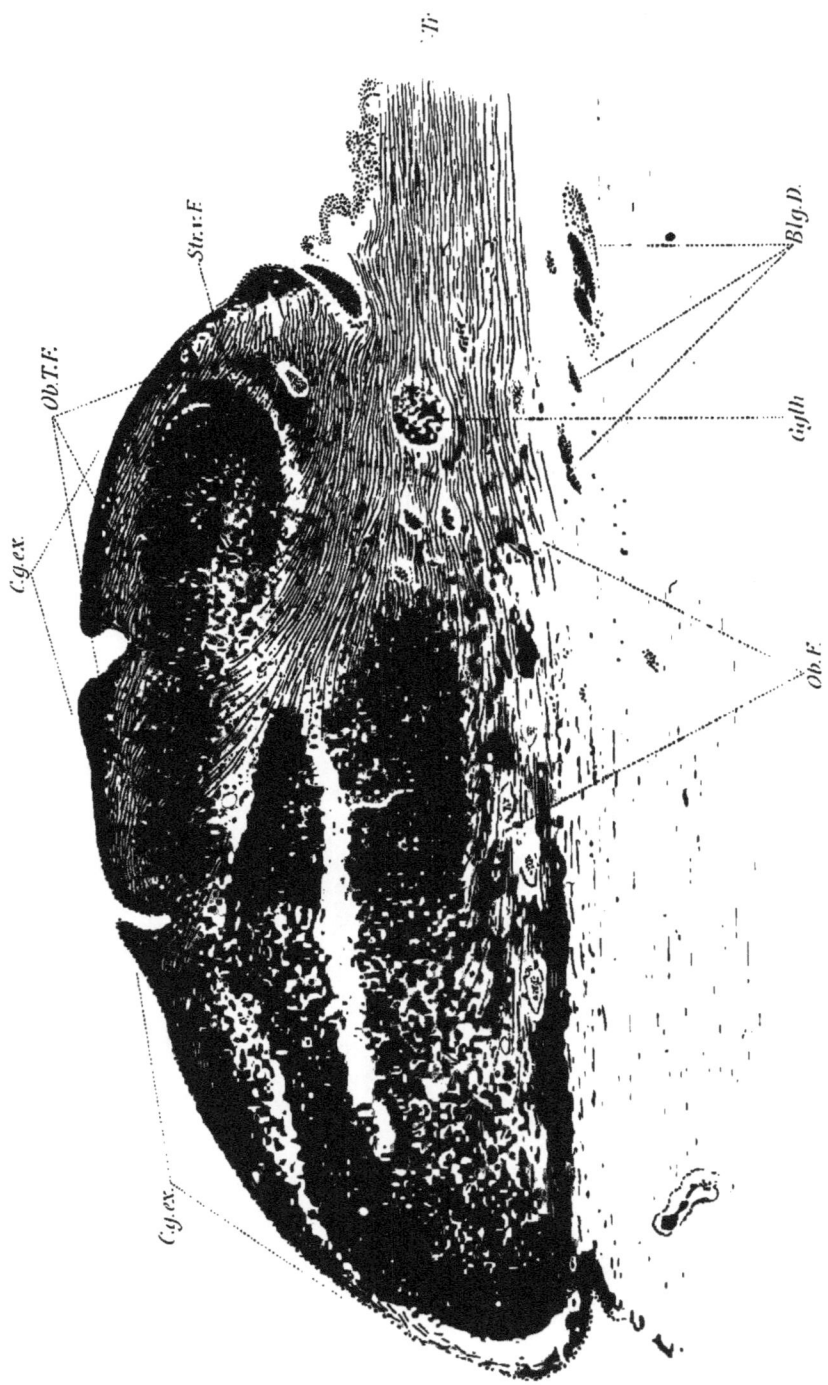

Tr.

Blg.D.

Str.F.

Ob.T.F.

Gfl.b.

C.g.ex.

Ob.F.

C.g.ex.

Tafel II.

Horizontalschnitt durch den Sehhügel und Sehstiel einer 34—36 Wochen alten Frucht.

Genauere Angabe der Schnittführung siehe S. 40.

Der Schnitt geht durch Sehhügel, Luys'schen Körper und Sehstiel. Die blauschwarzen Markfäserchen entspringen im Luys'-schen Körper und strahlen deutlich in den Sehstiel ein.

Blg. D. = Blutgefässdurchschnitt.

Vergrösserung: Zeiss, Obj. a_3 — Ok. 2.

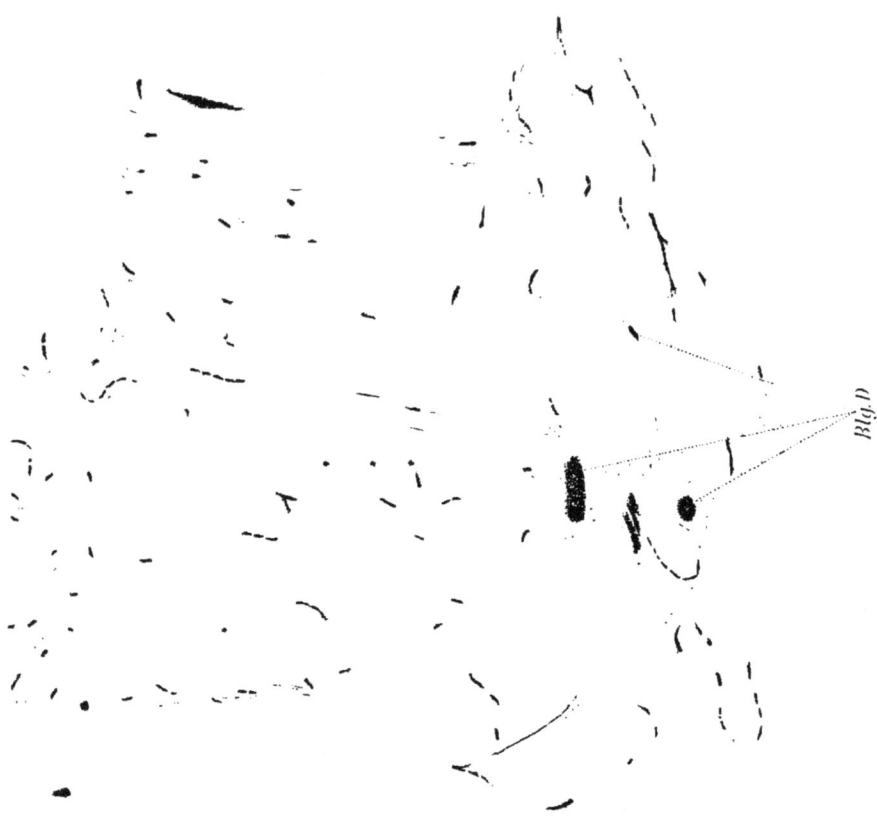

Viaetus

Blg.D

Thalamus

Tafel III.

—

Horizontalschnitt durch den Sehhügel, den inneren Kniehöcker und den Sehstiel einer ˙ 34 — 36 Wochen alten Frucht.

Genauere Angabe der Schnittführung siehe S. 40 und .48.

Der Schnitt geht durch Sehhügel, Luys'schen Körper, inneren Kniehöcker und Sehstiel.

F. d. h. Kw. = Fasern des hinteren Kniehöckerwinkels.

Blg. D. = Blutgefässdurchschnitt.

Vergrösserung: Zeiss, Obj. a_3 — Ok. 2.

Tractus

Blg.D.

T.

Tractus

Verlag von J. F. BERGMANN in Wiesbaden.

Bernhard von Gudden's
gesammelte und nachgelassene Abhandlungen.

Herausgegeben von Dr. **H. Grashey,**
o. ö. Professor u. Director der Oberbayr. Kreis-Irrenanstalt zu München.

Mit 41 von Rudolf Gudden radirten Tafeln und 1 Portrait. Quart.
40 Druckbogen. In Mappe.

Preis M. 50.—.

Aus dem Inhalte heben wir hervor:

Ueber das Verhältniss der Centralgefässe des Auges zum Gesichtsfelde.
— Zur relativ verbundenen Irren-Heil- und Pflege-Anstalt. — Ueber eine Invasion von Leptus autumnalis. — Ueber die Entstehung der Ohrblutgeschwulst.
— Ueber den mikroskopischen Befund im traumatisch gesprengten Ohrknorpel.
— Ueber die Rippenbrüche bei Geisteskranken. — Anomalien des menschlichen
Schädels. — Ueber einen bisher nicht beschriebenen Nervenfasernstrang im
Gehirne der Säugethiere und des Menschen. — Experimentaluntersuchungen
über das peripherische und centrale Nervensystem. — Ueber die Kreuzung der
Fasern im Chiasma nervorum opticorum. — Mittheilung über das Ganglion
interpedunculare. — Beitrag zur Kenntniss des Corpus mammillare und der
sogenannten Schenkel des Fornix. — Ueber die Kerne der Augenbewegungs-
nerven. — Experimente, durch die man die verschiedenen Bestandtheile des
Tractus opticus zu isoliren im Stande ist. — Ueber die Verbindungsbahnen des
kleinen Gehirns. — Ueber die verschiedenen Nervenfasernsysteme in der Retina
und im Nervus opticus. — Viertes Bündel der Fornixsäule. — Ueber die neu-
roparalytische Entzündung. — Ueber die Sehnerven, die Sehtractus, das Verhältniss ihrer gekreuzten und ungekreuzten Bündel, ihre Seh- und Pupillar-
fasern und die Centren der letzteren. — Ueber die Frage der Lokalisation der
Funktionen der Grosshirnrinde. — Augenbewegungs-Nerven. — Ueber das Gehirn und den Schädel eines neugeborenen Idioten (Hydrocephalus).

Lehrbuch der Physiologischen Chemie.
Von **Olof Hammarsten,**
o. ö. Professor der medic. u. physiolog. Chemie an der Universität Upsala.
Mit einer Tafel. — Preis M. 8.60.

Die acuten Lungenentzündungen
als Infectionskrankheiten.
Nach eigenen Untersuchungen bearbeitet
von Professor Dr. **D. Finkler,**
Leiter der Medicinischen Universitäts-Poliklinik, Dirigirender Arzt am
Friedrich-Wilhelms-Hospital zu Bonn.
Preis M. 13.60.

Verlag von J. F. BERGMANN in Wiesbaden.

Die Netzhautablösung.
Von Dr. **Erik Nordenson**
in Stockholm.
Mit 27 Tafeln. — M. 27.—

Ueber den Shock.
Eine kritische Studie auf physiologischer Grundlage.
Von Dr. **G. Groeningen,**
Stabsarzt am medicin.-chirurg. Friedrich-Wilhelms-Institut zu Berlin.
Mit Vorwort von Prof. Dr. **A. Bardeleben,**
Geh. Obermedicinalrath und Generalarzt I. Classe.
Preis M. 7.—.

Die Seelenblindheit
als Herderscheinung
und ihre
Beziehungen zur Homonymen Hemianopsie
mit 3 Holzschnitten und 1 lithogr. Tafel
von Dr. **Hermann Wilbrand,**
Augenarzt am Allgem. Krankenhaus zu Hamburg.
Preis M. 4.60.

Anleitung
zur experimentellen
Erforschung des Hypnotismus.
Nach Prof. **Tamburini** und **Seppilli**
bearbeitet von
Dr. med. **M. O. Fränkel,**
Director der Landes-Irrenheilanstalt zu Bernburg.
Zwei Hefte. Mit Tafeln. M. 4.—.

Ueber den mit Hypertrophie verbundenen
Progressiven Muskelschwund
und
ähnliche Krankheitsformen.
Von Dr. **Friedr. Schultze,**
Professor an der Universität Bonn.
Mit drei lithographirten Tafeln. — Preis M. 4.60.

Die
Moderne Behandlung der Nervenschwäche und Hysterie.
Mit besonderer Berücksichtigung der
Luftkuren, Bäder und Anstaltsbehandlungen
und der Mitchell-Playfair'schen Mastkur.
Von Dr. **L. Löwenfeld,**
Spezialarzt für Nerven-Krankheiten in München.
Zweite Auflage. — Preis M. 2.70.

Ophthalmologischer Verlag von J. F. BERGMANN in Wiesbaden.

Die Wirkungen der Cylinderlinsen. Acht stereoscopische Ansichten, gezeichnet und erläutert von Dr. med. G. Fränkel. M. 1.—

Die Ursachen und die Verhütung der Blindheit. Von Dr. E. Fuchs, Professor an der Universität Wien. M. 2.40

Untersuchungen über intraoculare Tumoren. Netzhautgliome. Von Dr. J. R. da Gama Pinto (Lissabon). Mit 6 lith. Tafeln. M. 4.60.

Die Pupillarreaction auf Licht, ihre Prüfung, Messung und klin. Bedeutung. Von Dr. Ernst Heddaeus. M. 2.—

Compendium der physiologischen Optik. Von Dr. H. Kaiser in Dieburg. Mit 3 lith. Tafeln und 112 Holzschnitten. M. 7.20.

Die Blinden des Herzogthums Salzburg nebst Bemerkungen über die Verbreitung und die Ursachen der Blindheit im Allgemeinen. Von Dr. Fr. Kerschbaumer in Salzburg. M. 2.70

Das Auge und seine Diätetik. Von Docent S. Klein in Wien. M. 2.25

Die geschichtliche Entwickelung der Lehre vom Sehen. Von Prof. Dr. H. Knapp in New-York. M. —.80

Grundriss der Augenheilkunde. Von Prof. Dr. Max Knies in Freiburg. Mit Abbildungen. Zweite Auflage. M. 6.—

Vorschlag einer neuen Therapie bei gewissen Formen von Hornhautgeschwüren. Von Prof. Dr. Herm. Kuhnt in Jena. M. —.80

Die Pupillarbewegung in physiologischer und pathologischer Beziehung. Von Dr. J. Leeser in Halle. Mit Vorwort von Professor Dr. Alfr. Graefe. Gekrönte Preisschrift. M. 4.—.

Die Jugendblindheit. Klinisch-statistische Studien. Von Professor Dr. H. Magnus in Breslau. Mit 12 Tafeln und 10 Holzschnitten. M. 6.40

Die Sprache der Augen. Von Prof. Dr. H. Magnus in Breslau. M. 1.30

Die sympathischen Augenleiden. Von Prof. Dr. L. Mauthner. M. 3.—

Die Funktionsprüfung des Auges. Von Prof. Dr. L. Mauthner. M. 6.—

Die Lehre von den Augenmuskellähmungen. Von Prof. Dr. L. Mauthner in Wien. M. 10.—

Diagnostik und Therapie der Augenmuskellähmungen. Von Prof. Dr. L. Mauthner in Wien. M. 5.60

Die ursächlichen Momente der Augenmuskellähmungen. Von Prof. Dr. L. Mauthner in Wien. M. 4.40

Taschenbuch der medicinisch-klinischen Diagnostik. Von Docent O. Seifert in Würzburg und Prof. Müller in Breslau. **Siebente Auflage.** M. 3.20

Verhandlungen der VIII. Versammlung der Gesellschaft für Kinderheilkunde. Von Dr. Emil Pfeiffer in Wiesbaden. M. 2.—

Die Unterleibsbrüche. (Anatomie, Pathologie und Therapie). Von Dr. E. Graser, Docent an der Universität Erlangen. Mit 62 Abb. M. 6.40

Lehrbuch der Physiologischen Chemie. N. d. 2. schwed. Auflage umgearb. von O. Hammarsten, Prof. a. d. Univ. Upsala. Mit 1 Spektraltafel. M. 8.60

Gynäkologische Tagesfragen. Bearbeitet von Dr. med. E. Löhlein, o. ö. Professor der Geburtshülfe und Gynäkologie an der Universität Giessen. **I. Heft.** *Der moderne Kaiserschnitt. — Die Stiel-Behandlung bei Myom-Operationen. — Der Schutz des Dammes bei physiologischen Geburten.* Mit Abbildungen. M. 2.—

Lehrbuch der inneren Medicin für Studirende und Aerzte. Von Prof. Dr. R. Fleischer in Erlangen. Band I. M. 5.40. — II. 1. Abth. M. 5.60

Die syphilitischen Erkrankungen des Nervensystems. Von Prof. Dr. Th. Rumpf in Marburg. Mit Abbildungen. M. 15.—

Orthopädische Chirurgie und Gelenkkrankheiten. Von Dr. Lewis, A. Sayre, Prof. in New-York. Zweite sehr erweiterte Auflage. Deutsch von Dr. F. Dumont in Bern. Mit 265 Abbildungen. M. 12.—

Lehrbuch der Kystoskopie. Von Dr. Max Nitze in Berlin. M. 12.—

Pathologie und Therapie der Syphilis. Von Prof. Dr. Eduard Lang in Wien. Mit Abbildungen. M. 16.—

Die Methoden der Praktischen Hygiene. Von Prof. Dr. K. B. Lehmann in Würzburg. M. 16.—

Die moderne Behandlung der Nervenschwäche und Hysterie. Von Dr. L. Löwenfeld in München. Zweite Auflage. M. 2.70

Mittheilungen aus Dr. Brehmer's Heilanstalt f. Lungenkranke in Görbersdorf. Herausgegeben von Dr. Herm. Brehmer in Görbersdorf. Mit Tafeln und Abbildungen, M. 8.—

Dasselbe. Neue Folge. 1890. Mit dem Porträt Dr. Brehmer's. M. 4.60

Bewegungskuren mittelst schwedischer Heilgymnastik und Massage. Von Dr. Hermann Nebel in Frankfurt a. M. M. 8.—

Die Therapie der chronischen Lungenschwindsucht. Von Dr. H. Brehmer in Görbersdorf. Zweite umgearbeitete Auflage. M. 6.—